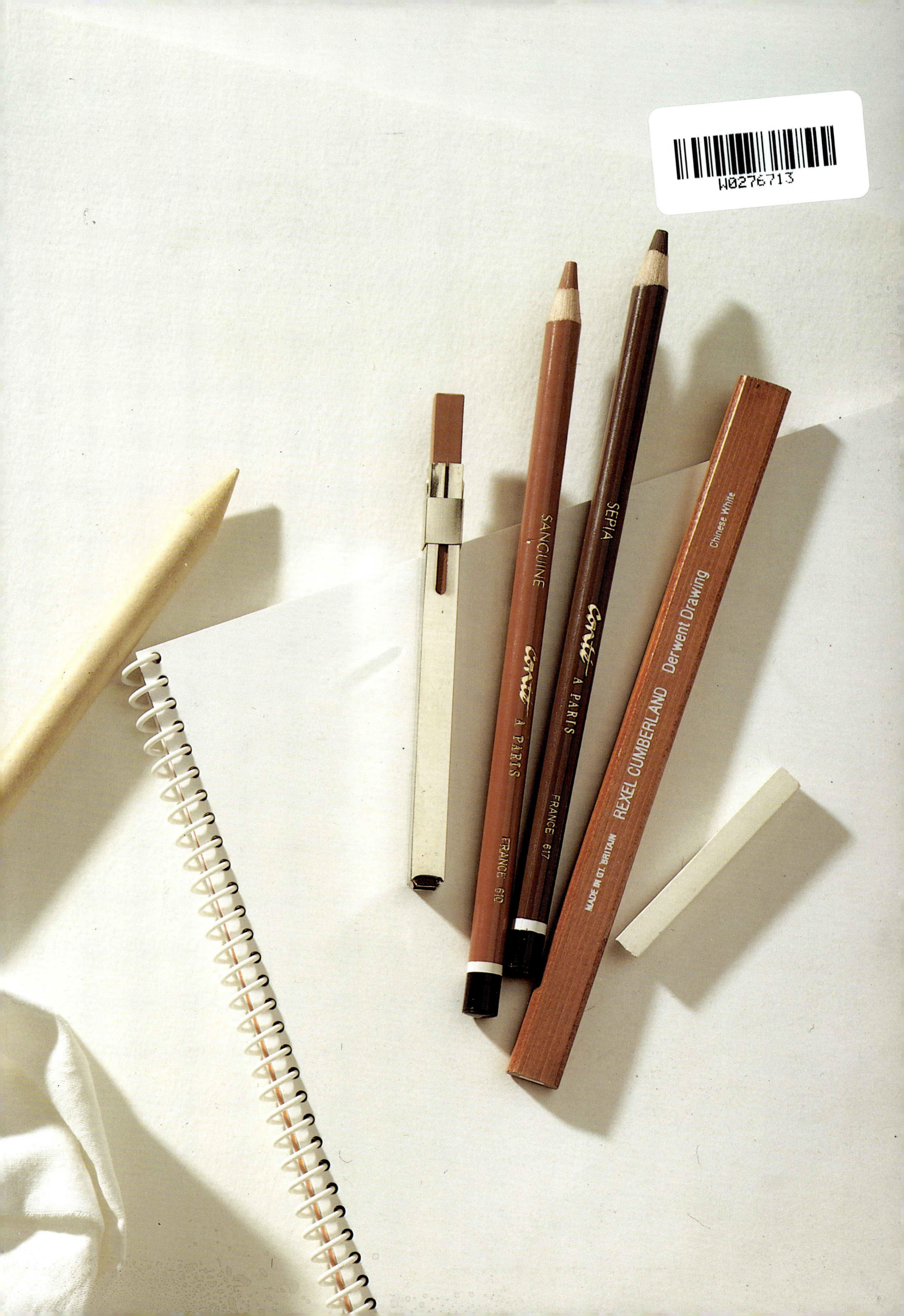
SANGUINE
Conté
A PARIS
FRANCE 610
SEPIA
Conté
A PARIS
FRANCE 617
Chinese White
Derwent Drawing
REXEL CUMBERLAND
MADE IN GT. BRITAIN

Akademische Studien

AKTZEICHNEN

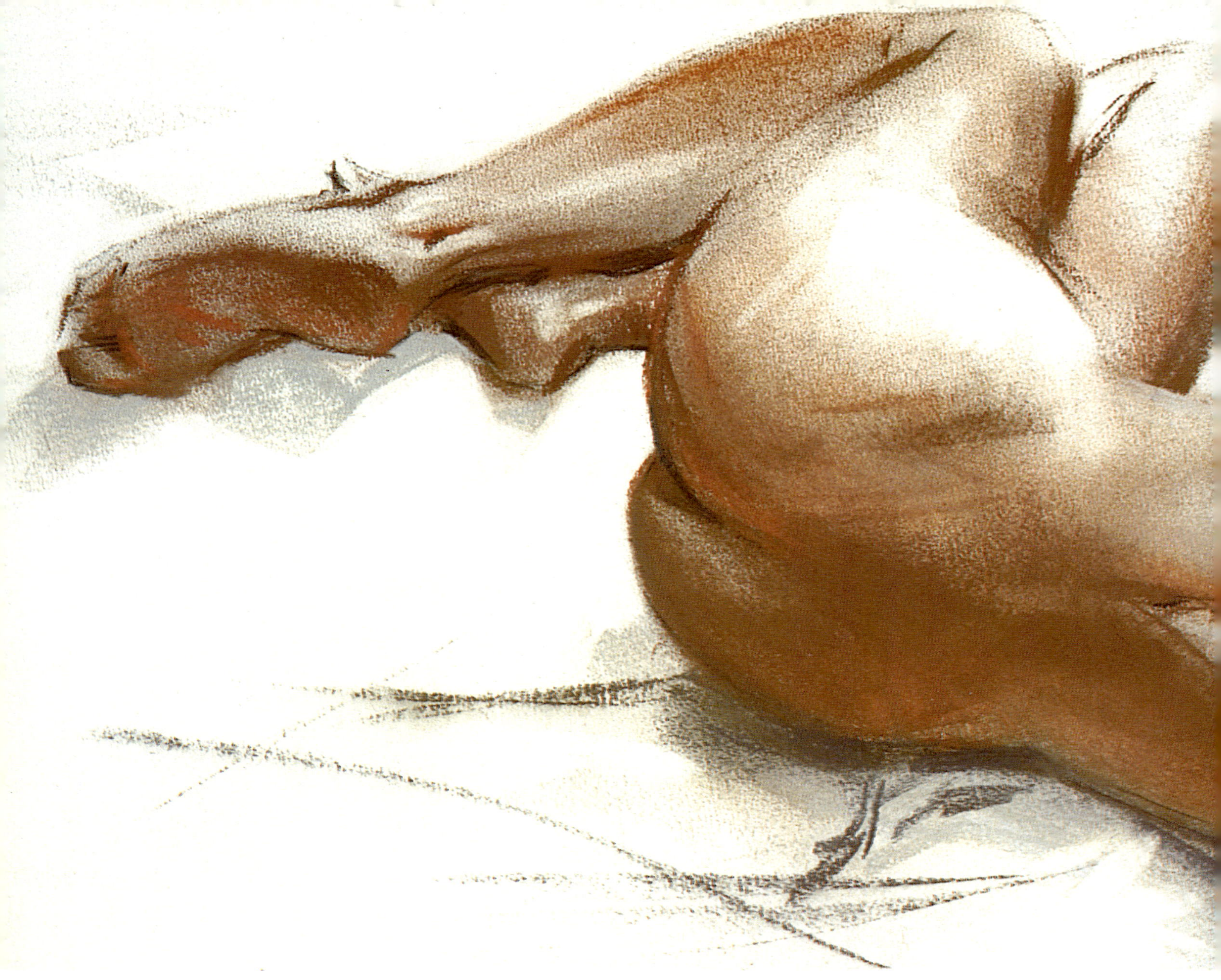

Titel der Originalausgabe: „Estudios académicos de Figura“
Aus dem Spanischen übertragen von Christa L. Cordes

1. Auflage 1997
Alle Rechte der deutschsprachigen Ausgabe bei
Edition Michael Fischer GmbH, München

Herausgeber und Idee: Jordi Vigué
Illustrationen: Vicenç B. Ballestar
Text: David Sanmiguel
Fotos: Estudio Nos & Soto
Reihengestaltung: Toni Inglès
Layout: Miquel Ridola
Graphische Gestaltung Jordi Martínez, José Carlos Escobar

Herstellung und Satz:
Verlagsservice Henninger GmbH, Würzburg

ISBN 3-926651-46-6
Printed in Spain

Schritt für Schritt leichtgemacht

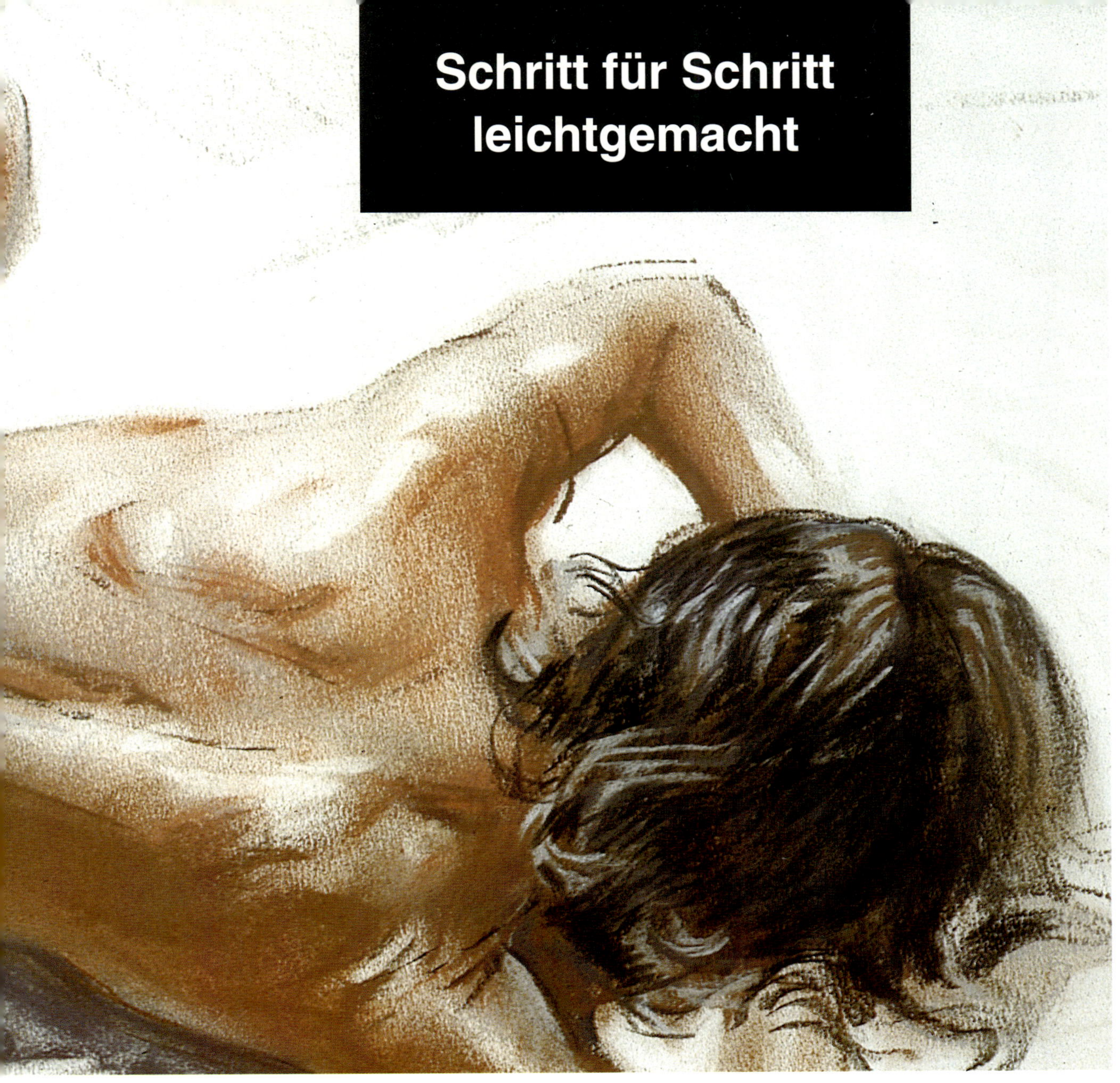

AKTZEICHNEN

Akademische Studien

EDITION
MICHAEL FISCHER

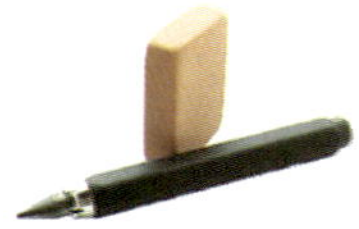

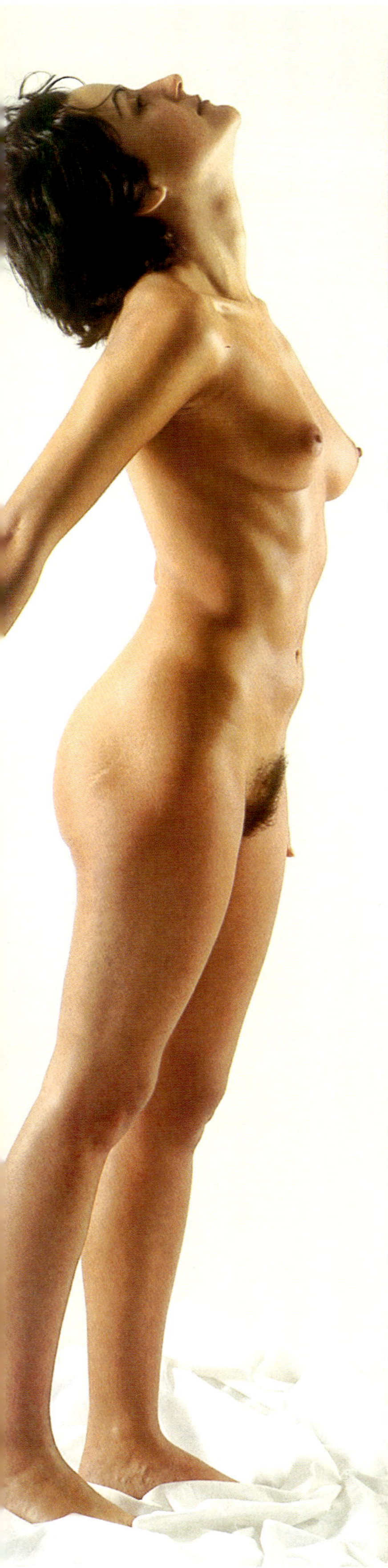

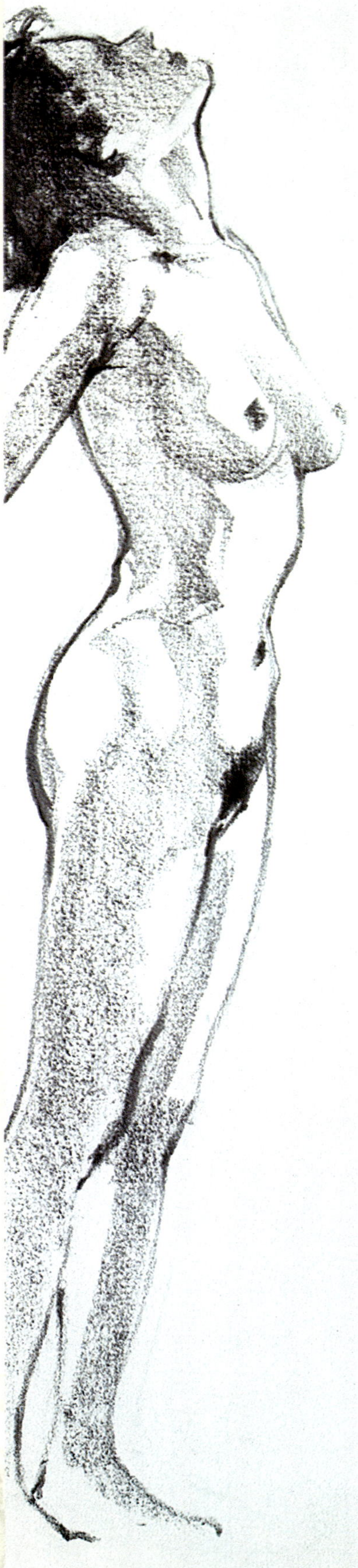

INHALT

EINFÜHRUNG

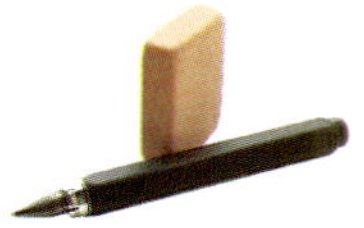

Die künstlerische Darstellung der menschlichen Gestalt – allein oder in einem Umfeld, ruhend oder in Bewegung, idealisiert oder bei einer Handlung – war stets das bevorzugte Thema jeder Epoche. Das Bestreben des Künstlers, den menschlichen Körper zu studieren, ist und bleibt unersättlich. Nicht ohne Grund zeigt der Mensch von Alters her ein einzigartiges Interesse an der Darstellung seiner Person. In der Kunst der Zeichnung und der Malerei finden wir schwerlich ein weiteres Motiv, dem wir solch eine Fülle von Elementen entnehmen können. Die Gestalt ist Linie, Licht, Bewegung und Rhythmus. Sie ist auch Pose, Ausdruck und Kraft. Und sie ist Gefühl, Beschwörung und Idealismus.

Wir möchten dieses Buch der Gestalt in ihrem reinsten Sinn widmen. Das vorgestellte Material besteht aus einer Sammlung von Studien, die in Form rascher Skizzen ein breites Arbeitsspektrum über den Akt in den klassischen Posen liefern und die beste Annäherung an das Wissen und die Kenntnis der Anatomie sowie die Ausdruckskraft des menschlichen Körpers bieten, wie sie in den Schulen und den Akademien der schönen Künste gelehrt wird.

Jede vorgeschlagene Übung behandelt eine bestimmte Facette des posierenden Modells. Es handelt sich um kurze, zusammenfassende Arbeiten, die auch nicht anders verstanden werden dürfen.

Um das gewünschte Ziel angemessen zu erreichen, muß jedes Modell innerhalb weniger Minuten gezeichnet werden. Zehn Minuten reichen dafür absolut aus. Fünfzehn sind zweifellos schon zuviel. Keine Sorge, wenn Sie Ihr Ziel bei der Ausführung der vorgeschlagenen Übungen nicht gleich erreichen. Studieren Sie das Modell aufmerksam, zeichnen Sie rasch, schwungvoll und entschlossen, und vergessen Sie den Radiergummi. Gelingt es Ihnen nicht auf Anhieb, zerreißen Sie das Papier, und beginnen Sie von vorn, ohne sich entmutigen zu lassen. Die Beherrschung dieser Technik ist eine Grundvoraussetzung. Mit Ausdauer, zunehmender Erfahrung und Übung sowie dem Zerreißen unzähliger Blätter werden Sie sie gewiß erwerben.

Nur wenn Sie die Zeichentechnik beherrschen, die wir Ihnen hier vorstellen, sind Sie später in der Lage, das Figurenzeichnen auch in anderen Techniken sowie als komplexere Arbeiten von erheblich größerer Bedeutung in Angriff zu nehmen. Die beiden Übungen zum Abschluß dieses Buches sind bereits wesentlich umfangreicher und erfordern sehr viel mehr Hingabe und Zeit. Vergessen Sie nicht, daß jede Arbeit, und dies gilt insbesondere für die menschliche Gestalt, ein hohes Maß an Synthese erfordert. Bevor der Künstler beschließt, wie er etwas ausdrücken will, muß er wissen, was er ausdrücken möchte. Die folgenden Übungen werden Ihnen entscheidend helfen, das gewünschte Ziel zu erreichen.

Jordi Vigué

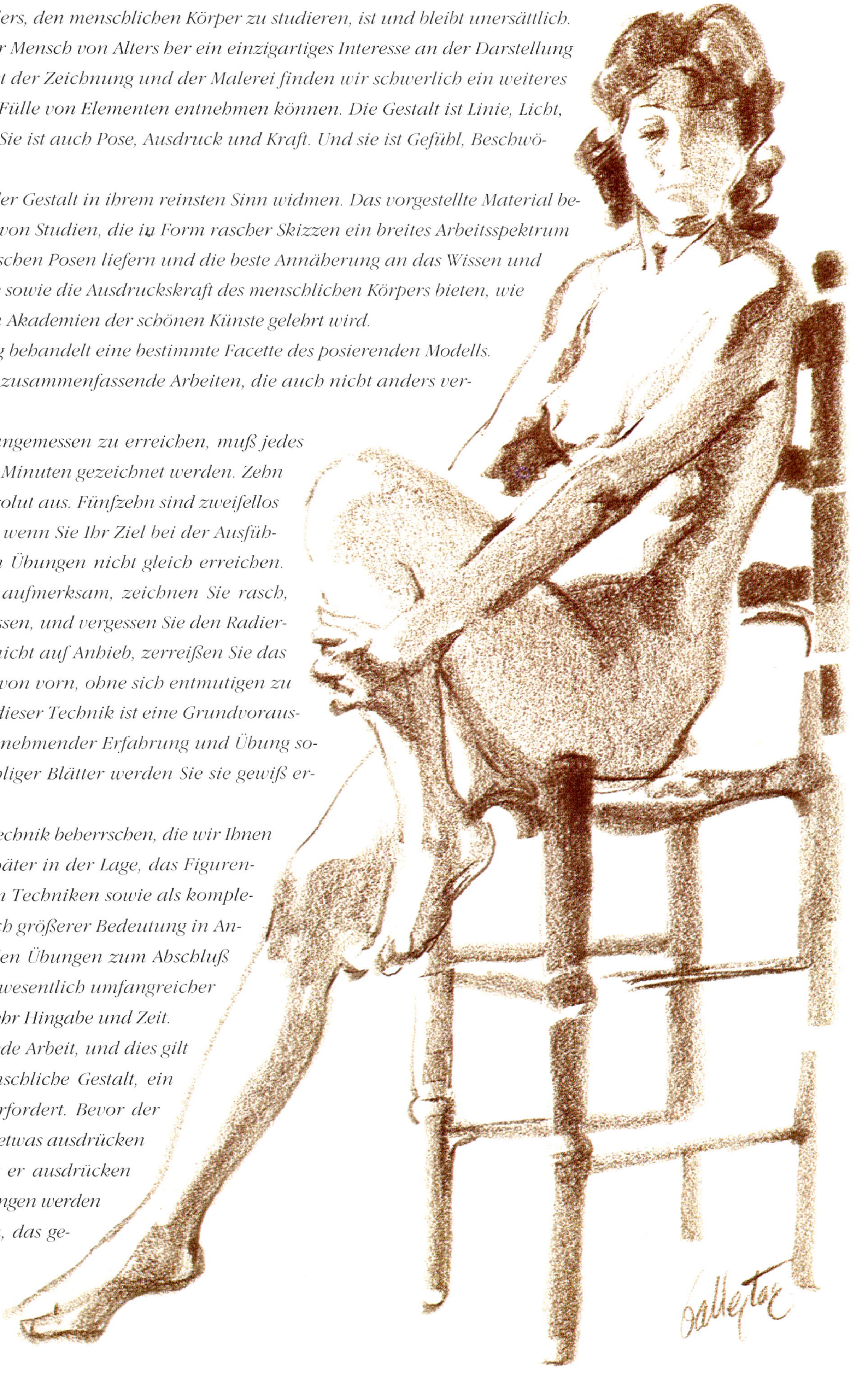

DAS MATERIAL

Zum Zeichnen benötigt man nichts weiter als einen Untergrund (Papier oder ähnliches) und ein entsprechendes Mittel, das aus einem beliebigen Schreibgerät, einem Stück Kreide oder Zeichenkohle bestehen kann. Dies ist das einfachste Material. Alles übrige stellt nur eine Weiterentwicklung der Grundelemente dar. Auf dieser Doppelseite finden Sie den größten Teil jener Varianten und des Zubehörs, das sich als Zeichenmaterial eignet. Von links nach rechts: Klemmen zum Befestigen des Papiers auf einer Unterlage, Fixierspray, Fixierflüssigkeit, die mit dem nebenliegenden Pulverisator zerstäubt wird, Reißzwecken, Zeichenbrett mit Papier, auf dem sich ein Kreidestäbchen sowie ein Minenhalter befinden, Kohle- und Kreideminen, diverse Stäbchen Zeichenkohle, Wischer, Minenhalter unterschiedlicher Größe, Graphitstäbchen, Graphitstifte unterschiedlicher Härte, Zeichenblöcke, Anspitzer, Radierstift, Radiergummi, Zeichenmappe, Schere und Rasierklinge. Im folgenden werden wir die Varianten und deren Gebrauch ausführlich erklären.

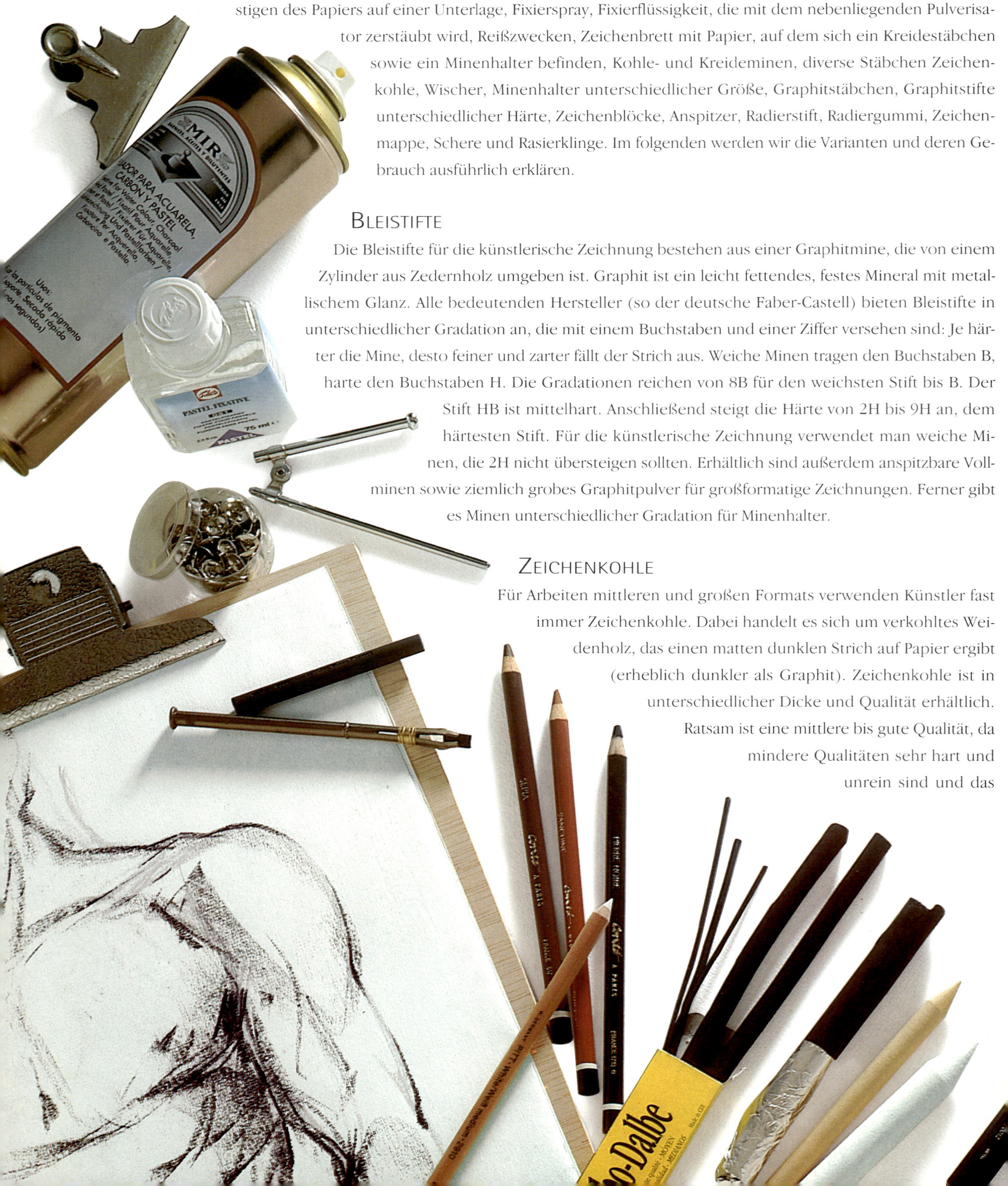

BLEISTIFTE

Die Bleistifte für die künstlerische Zeichnung bestehen aus einer Graphitmine, die von einem Zylinder aus Zedernholz umgeben ist. Graphit ist ein leicht fettendes, festes Mineral mit metallischem Glanz. Alle bedeutenden Hersteller (so der deutsche Faber-Castell) bieten Bleistifte in unterschiedlicher Gradation an, die mit einem Buchstaben und einer Ziffer versehen sind: Je härter die Mine, desto feiner und zarter fällt der Strich aus. Weiche Minen tragen den Buchstaben B, harte den Buchstaben H. Die Gradationen reichen von 8B für den weichsten Stift bis B. Der Stift HB ist mittelhart. Anschließend steigt die Härte von 2H bis 9H an, dem härtesten Stift. Für die künstlerische Zeichnung verwendet man weiche Minen, die 2H nicht übersteigen sollten. Erhältlich sind außerdem anspitzbare Vollminen sowie ziemlich grobes Graphitpulver für großformatige Zeichnungen. Ferner gibt es Minen unterschiedlicher Gradation für Minenhalter.

ZEICHENKOHLE

Für Arbeiten mittleren und großen Formats verwenden Künstler fast immer Zeichenkohle. Dabei handelt es sich um verkohltes Weidenholz, das einen matten dunklen Strich auf Papier ergibt (erheblich dunkler als Graphit). Zeichenkohle ist in unterschiedlicher Dicke und Qualität erhältlich. Ratsam ist eine mittlere bis gute Qualität, da mindere Qualitäten sehr hart und unrein sind und das

Papier verkratzen. Außerdem ist der Strich weniger intensiv. Die Kohle läßt sich mit einem Lappen, einem Wischer oder den Fingern leicht verwischen. Die Zeichnungen müssen fixiert werden, damit sie nicht verschmutzen oder mit der Zeit verblassen. Das Fixativ sorgt für die gute Haftung der Kohlepartikel auf dem Papier. Am bequemsten ist die Arbeit mit Fixierspray; einige Künstler ziehen allerdings Flüssigfixativ vor, das mit einem L-förmigen Zerstäuber pulverisiert wird.

Eine Variante der Zeichenkohle ist die Conté-Mine aus einer Mischung von Kohle und Ton. Die Mine ist härter und intensiver als Zeichenkohle und als Stäbchen sowie als Stift erhältlich.

Farbkreiden und Rötel

Farbkreiden bestehen aus kalziniertem weißen Kalkstein, der mit Pigmenten angereichert und zu Stäbchen oder Minen geformt wird. Für die künstlerische Zeichnung wählt man gern erdige Farben; am bekanntesten ist die Rötelkreide (so genannt wegen ihres Anteils an Eisenoxid). Farbkreiden sind in eckigen und runden Stäbchen erhältlich (letztere für Minenhalter) oder als Stift. Neben der Rötelkreide werden Weiß und Sepia am meisten verwendet.

Radiergummi

Die Radiergummi sollten normalerweise weich sein, da härtere Qualitäten bei stärkerem Radieren das Papier beschädigen würden. Für Graphitminen können sie mittelhart sein; Zeichenkohle erfordert dagegen einen extraweichen Gummi. Am ratsamsten ist knetbarer Gummi, der mit den Fingern in jede Form gebracht werden kann.

Einiges Zubehör

Neben dem Papier, von dem später die Rede sein wird, benötigt der Zeichner einiges zusätzliches Material. Hierzu gehören Zeichenmappen zum Transport und Aufbewahren der Arbeiten, ein Zeichenbrett, Klemmen oder Reißzwecken zum Befestigen der Einzelblätter und eine Rasierklinge oder ein Cutter zum Schneiden des Papiers und Entfernen von Details. Nützlich ist außerdem ein Anspitzer, der allerdings von einem Cutter ersetzt werden kann.

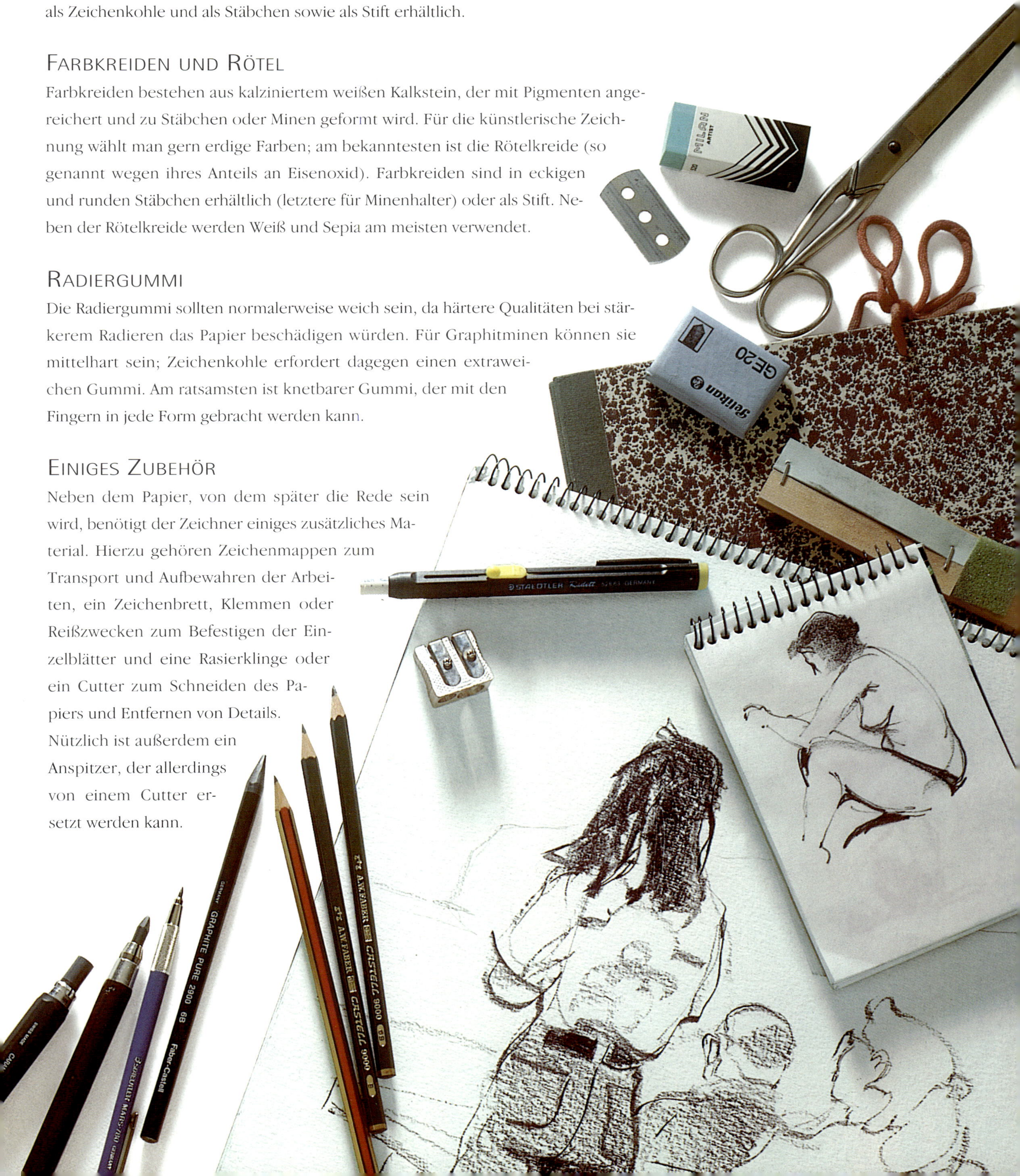

UNTERLAGEN

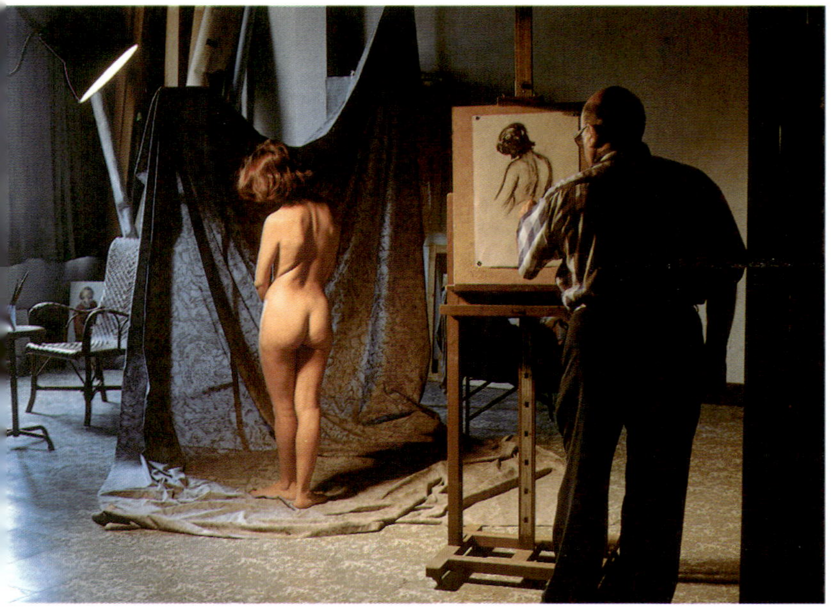

DIE STAFFELEI

Eine Staffelei ist nicht unbedingt erforderlich, erleichtert das Zeichnen jedoch erheblich. Der Hauptvorteil besteht darin, daß man sich von seiner Arbeit entfernen und die Wirkung aus einem gewissen Abstand überprüfen kann. Bei der Arbeit nach der Natur ermöglicht die Staffelei eine Sicht auf das Modell, ohne den Blick ganz vom Papier zu lösen, so daß man jederzeit mit dem Stift oder dem Stäbchen Maß nehmen und die Korrektheit der Proportionen nachprüfen kann. Für große Formate geht es praktisch nicht ohne Staffelei. Am geeignetsten ist die stabile Studiostaffelei auf Rollen mit einem in der Höhe verstellbaren Auflegebrett.

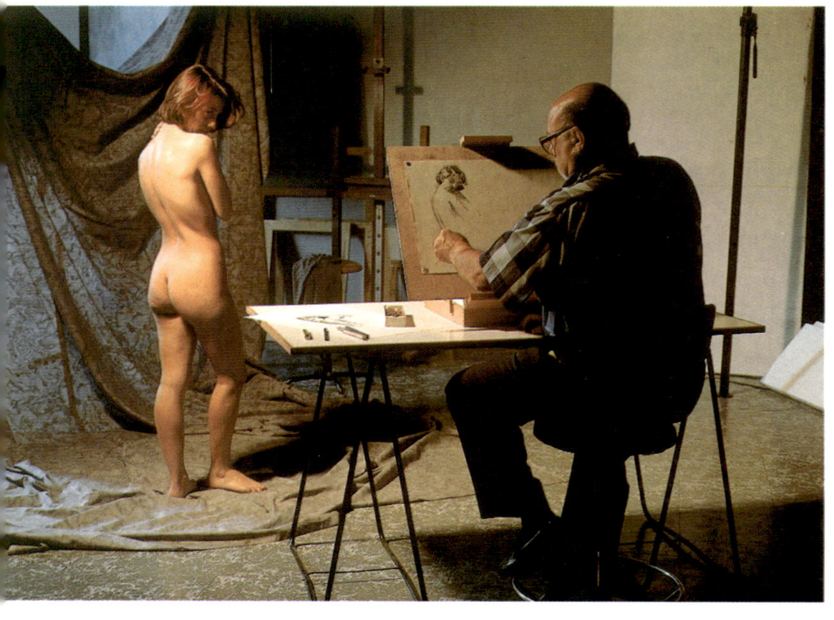

DER ZEICHENTISCH

Kleine und mittlere Formate kann man auf dem Tisch anfertigen. Dazu befestigt man das Papier entweder direkt auf der Platte oder auf einem leicht geneigten Zeichenbrett. Es gibt auch Tischstaffeleien, mit denen man senkrecht arbeiten kann. Der Vorteil der Arbeit am Tisch besteht darin, daß man alles Material unmittelbar zur Hand hat: Stifte, Zeichenkohle, Radiergummi etc. Der Tisch muß absolut gerade stehen, damit das Material nicht zu rutschen beginnt. Einen guten Tisch kann man sich aus zwei Böcken und einer Holzplatte von nicht weniger als 150 x 100 cm selbst bauen. Er sollte nahe am Fenster stehen. Ferner ist eine gute Lampe zum Zeichnen bei Kunstlicht erforderlich.

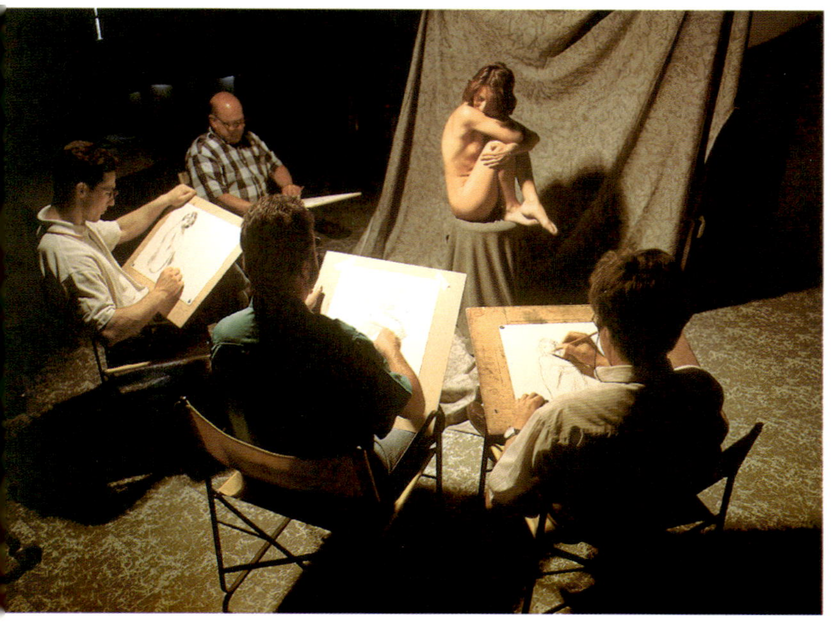

ZEICHENMAPPE UND ZEICHENBRETT

Eine Zeichenmappe zum Aufbewahren und Transportieren des Zeichenpapiers ist unbedingt erforderlich. Sie sollte aus steifer Pappe bestehen und ziemlich groß sein. Noch besser sind mehrere Mappen in unterschiedlicher Größe, die man nicht überladen darf. Gelegentlich kann die Zeichenmappe das Zeichenbrett ersetzen. Eine bequemere Unterlage ist jedoch ein glattes Holzbrett. Man kann im Sitzen arbeiten, das Brett auf die Oberschenkel stützen und es mit einer Hand halten, wie die untere Abbildung zeigt. Das Zeichenpapier wird mit Klemmen oder Reißzwecken befestigt.

DAS GEEIGNETSTE PAPIER

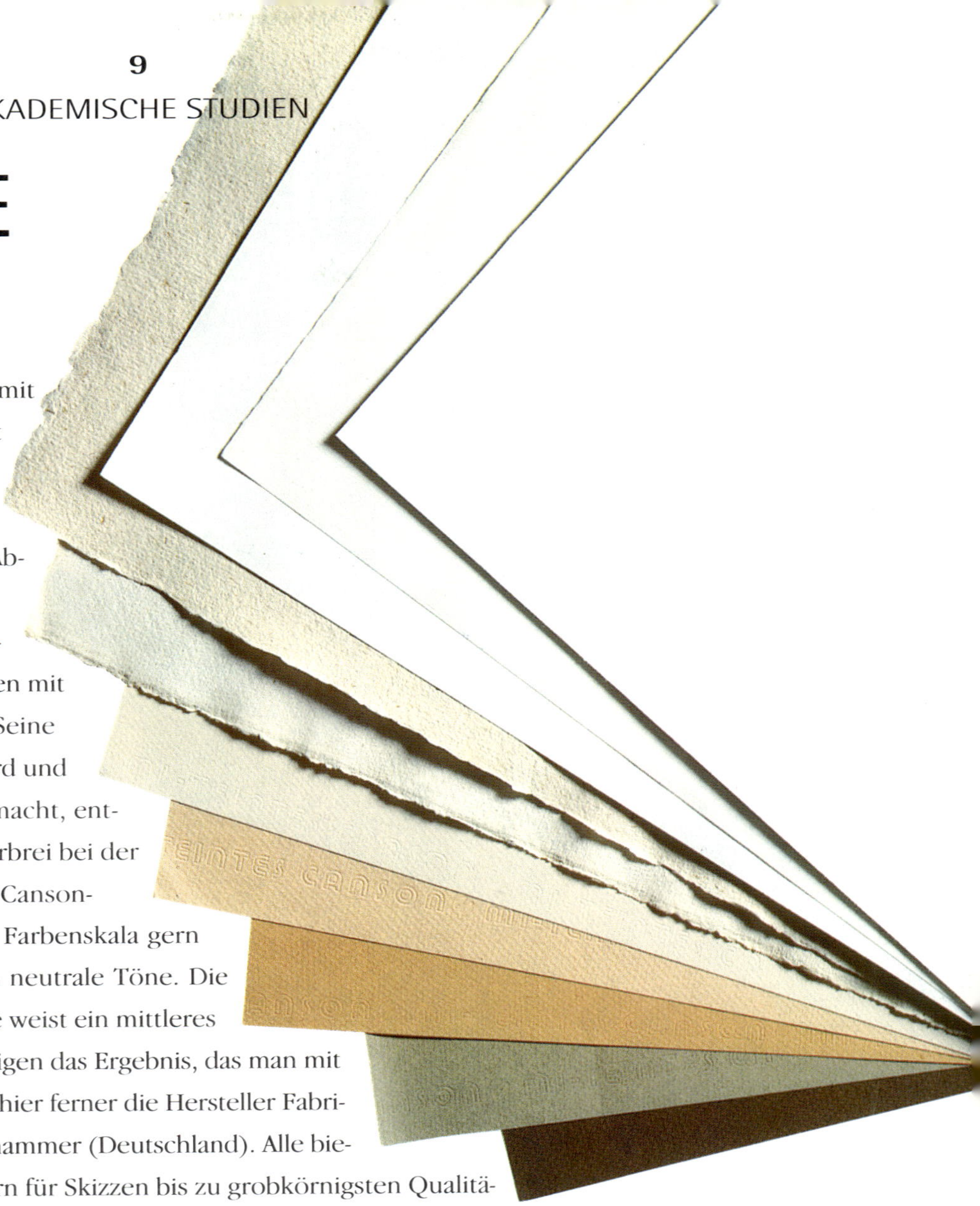

Die Wahl des Papiers hängt von dem Material ab, mit dem wir arbeiten wollen. Für Zeichnungen mit Blei- oder Graphitstift muß das Papier feinkörnig sein, aber nicht satiniert. Feines Korn ergibt leichte Schattierungen und weiche Striche. Die Abstufungen lassen sich sehr gut harmonisieren.
Für Arbeiten mit Zeichenkohle oder Kreiden benötigt man ein ausgeprägteres Korn. Für Aktstudien mit Kohle wird traditionell Büttenpapier verwendet. Seine besondere Struktur, die im Gegenlicht sichtbar wird und sich auch in der fertigen Zeichnung bemerkbar macht, entsteht durch das Metallsieb, auf welches der Papierbrei bei der Herstellung gegeben wird. Weißes oder farbiges Cansonpapier (Mi-teintes) wird aufgrund seiner breiten Farbenskala gern gewählt. Für Zeichnungen eignen sich vor allem neutrale Töne. Die Vorderseite ist ziemlich grobkörnig, die Rückseite weist ein mittleres Korn auf. Die Abbildungen am Fuß dieser Seite zeigen das Ergebnis, das man mit unterschiedlichem Material erzielt. Erwähnt seien hier ferner die Hersteller Fabriano (Italien), Arches (Frankreich) und Schoellershammer (Deutschland). Alle bieten hochwertiges Zeichenpapier mit feinstem Korn für Skizzen bis zu grobkörnigsten Qualitäten (300 g) für äußerst kraftvolle Arbeiten an. Zum Abschluß sei noch auf handgeschöpftes weißes oder farbiges Papier hingewiesen. Es ist dicker und saugfähiger und erlaubt daher kein übermäßiges Ausarbeiten oder Radieren.

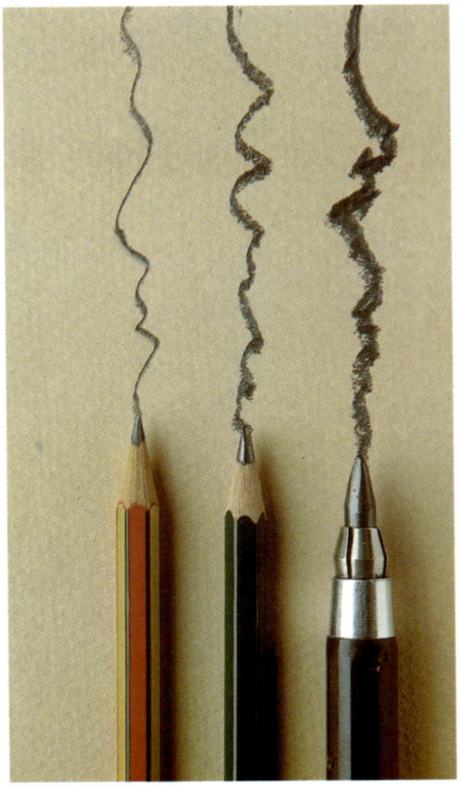

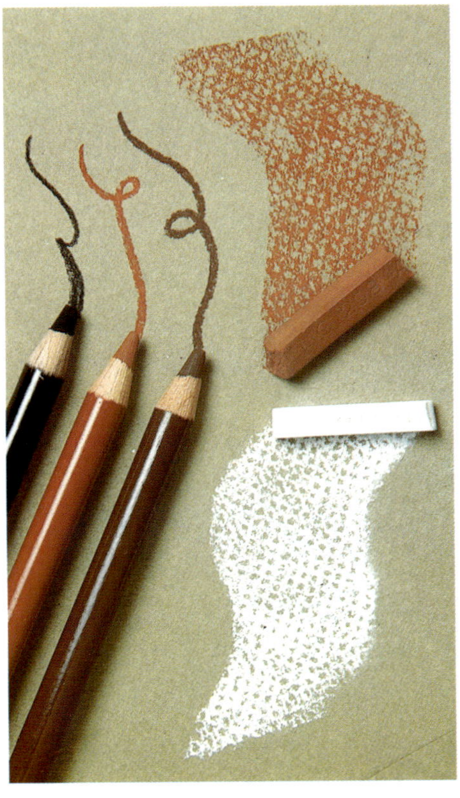

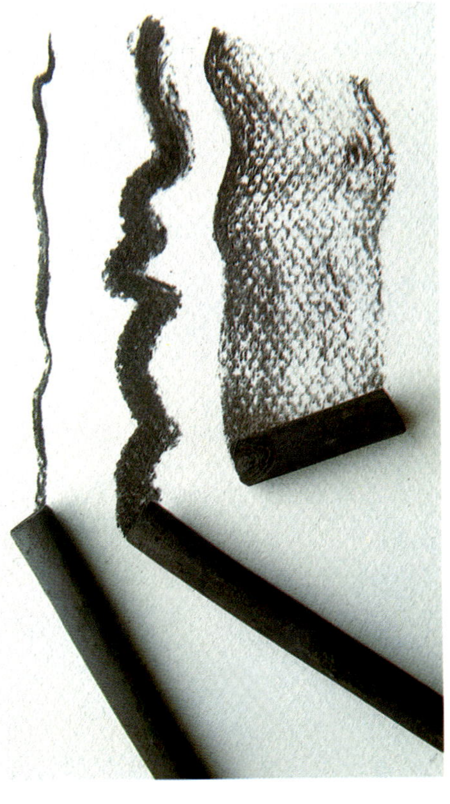

DIE TECHNIKEN

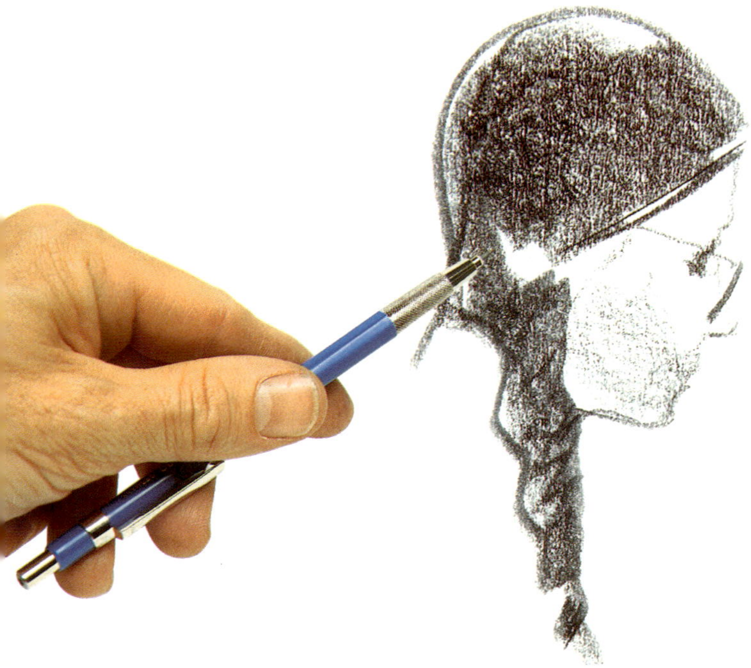

LINIEN

Dem Zeichner stehen für seine Arbeit Linien, Striche und Flecken zur Verfügung. Bei der Verwendung von Bleistift bieten sich Linien an, weil die Spitze sehr fein ist. Die hier abgebildeten Zeichnungen wurden mit einer Mine im Halter angefertigt.

Je nach Typ der Zeichnung und Stil des Künstlers kann die Arbeit aus fortlaufenden oder unterbrochenen Linien aufgebaut werden. In der Regel wechselt der Künstler zwischen beiden, um weder zu geschlossene noch zu offene Umrisse zu erhalten.

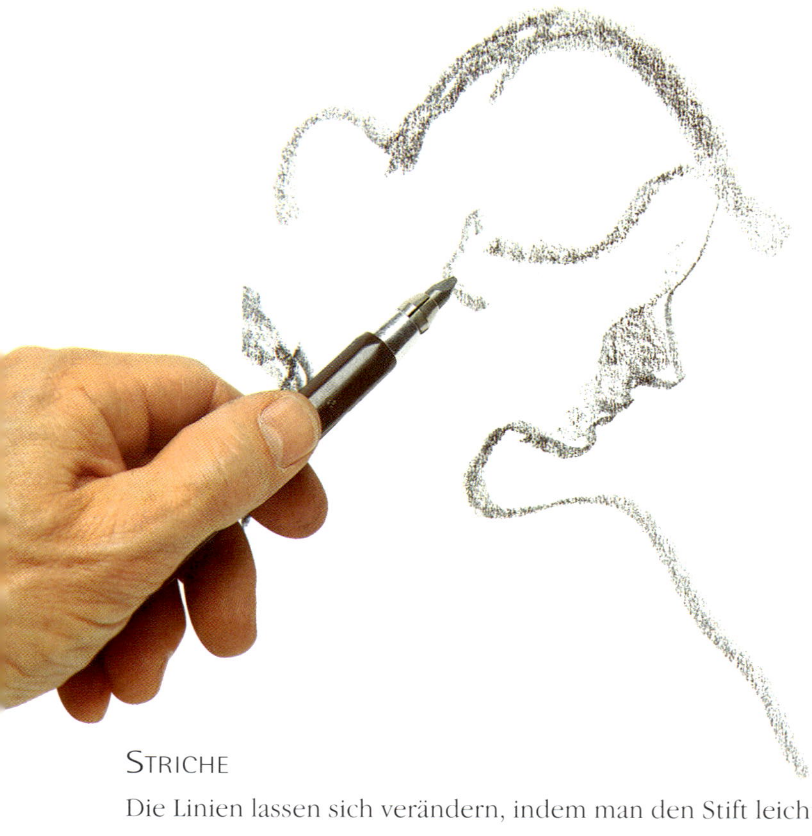

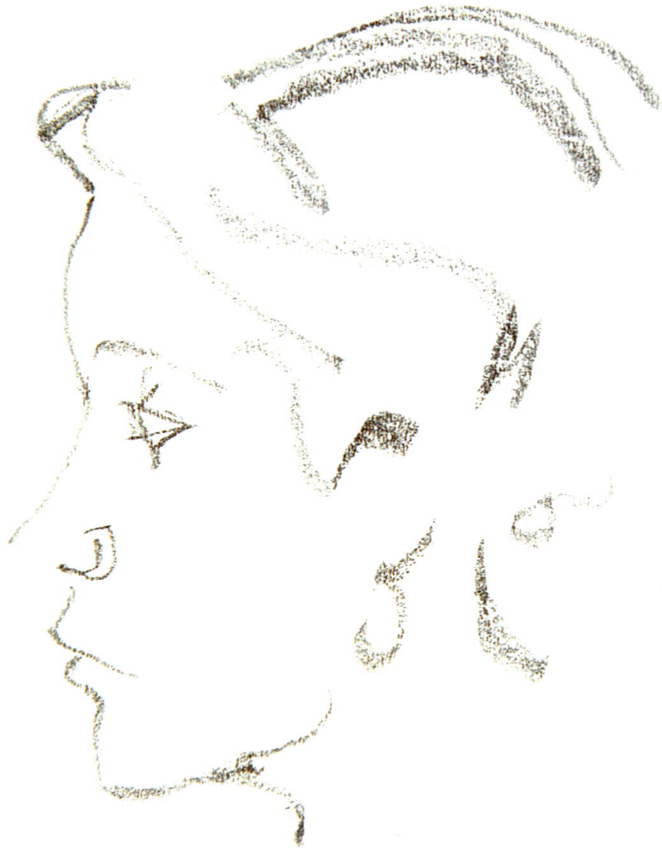

STRICHE

Die Linien lassen sich verändern, indem man den Stift leicht neigt, so daß die Mine mehr oder weniger seitlich über das Papier geführt wird. So entstehen breitere Striche, mit denen man schattieren kann oder die aufgrund ihrer Breite bereits einen Schatten andeuten. Eine Zeichnung aus breiten Strichen muß stärker zusammengefaßt und vereinfacht werden als die rein lineare. Striche mit der seitlichen Mine eignen sich vorwiegend für rasche Skizzen und Entwürfe.

FLECKEN

Auch bei der Bleistiftzeichnung kann man von Farbflecken sprechen. Sie bestehen aus gleichförmigen Grautönen, mit denen eine Stelle schattiert oder abgedunkelt wird. Man erhält sie aus Strichen mit der seitlich aufgelegten Mine. Der Tonwert hängt von dem Druck ab, den der Künstler auf das Papier ausübt. Durch nachlassenden Druck entsteht eine Abstufung von dunkel nach hell. Solche Grautöne benötigt man für tonale Zeichnungen, bei denen die Ausarbeitung und das Volumen aus der Verteilung unterschiedlicher Grautöne besteht.

Licht und Schatten

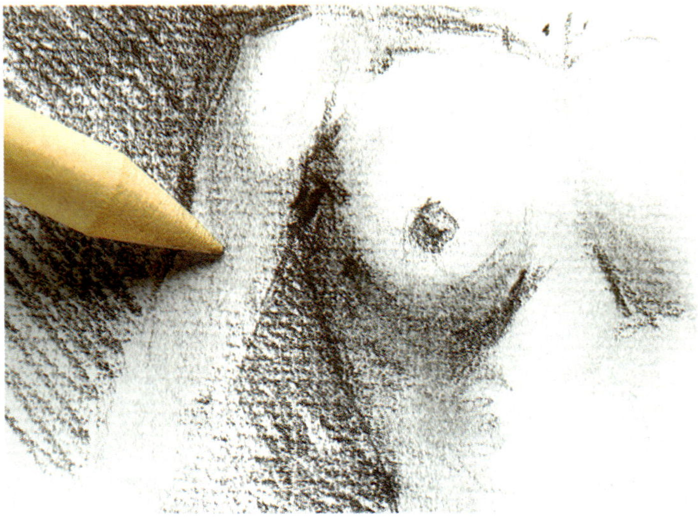
A

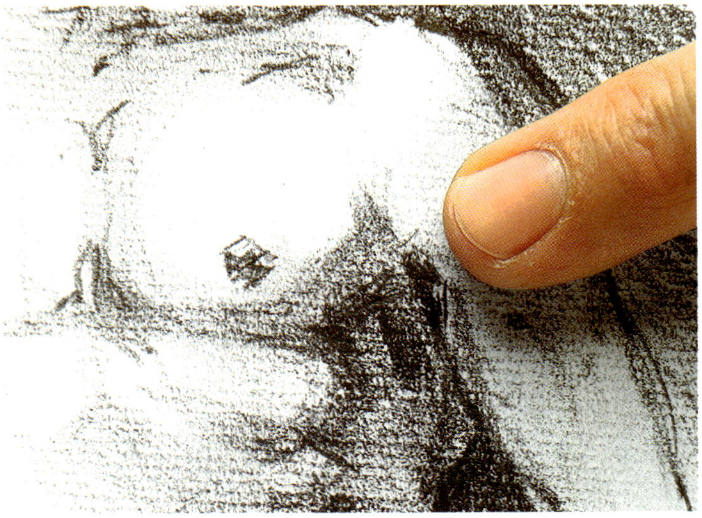
B

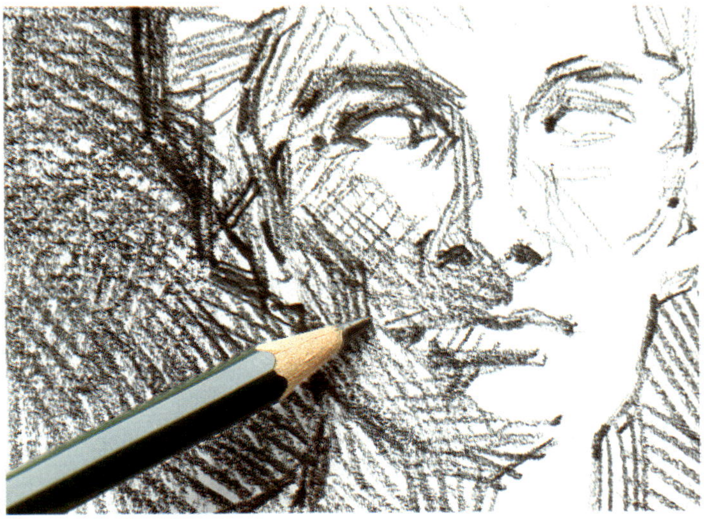
C

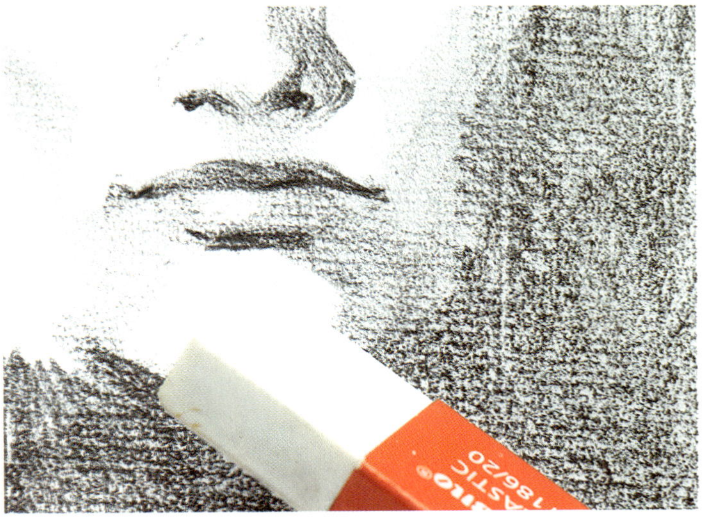
D

Mit dem Wischer (A)

Der Wischer ist ein Zylinder aus Saugpapier, dessen beide Enden in einer Spitze auslaufen. Es gibt ihn in unterschiedlichen Größen, die sich für die verschiedensten Arbeiten eignen. Man benötigt den Wischer zum Reiben, Verschmelzen, Abschatten oder Abstufen von Strichen bzw. Flächen aus Bleistift, Kreiden und vor allem Zeichenkohle. Normalerweise arbeitet man mit Wischern unterschiedlicher Stärke und verwendet die eine Spitze zum Verwischen von dunklen Stellen und die andere für weichere Arbeiten, so daß er sich wie ein zweifarbiger Stift verhält.

Mit dem Finger (B)

Die Finger setzen die Absicht des Künstlers beim Abschatten, Verwischen und Schwärzen der Schatten am direktesten um. Dies ist die spontanste Arbeitsweise und am besten für Zeichenkohle geeignet. Das Verschmelzen mit den Fingern geschieht nicht so mechanisch wie mit dem Wischer, und das Papier wird keinesfalls beschädigt. Außerdem läßt sich die Zeichenkohle mit den Fingern schneller ausziehen, so daß die Ausarbeitung völlig natürlich erfolgt.

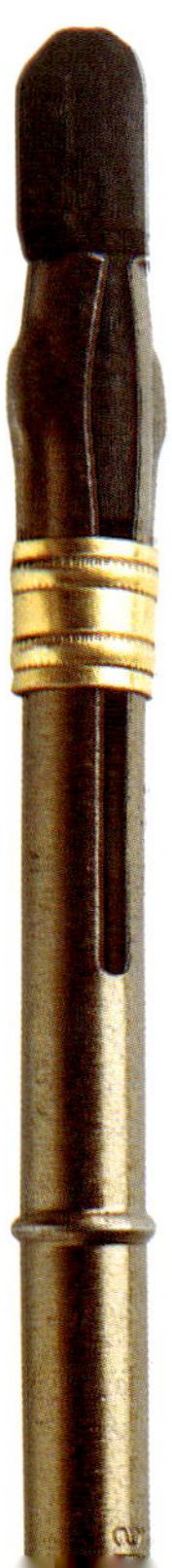

Schattieren mit Strichen (C)

Beim Zeichnen mit Bleistift schattiert man mit sich kreuzenden Strichen. Durch zunehmende Überlagerung der Striche wird der Schatten nach und nach dunkler, so daß man den Grad jederzeit überprüfen kann. Auch die Strichrichtung ist wichtig: Sie drückt die Form der Volumen aus und intensiviert deren Schatten.

Mit dem Radiergummi (D)

In einer schattierten Zeichnung läßt sich das Weiß des Papiers mit dem Radiergummi wieder hervorholen. So entsteht der Eindruck hellsten Lichts. Die Arbeit erfolgt mit dem absolut sauberen Radierer und nur an nicht zu stark geschwärzten Stellen. Wollen Sie das Weiß aus einer sehr dunklen Fläche hervorholen, sollten Sie den Kohleüberschuß zunächst mit einem Lappen entfernen. Anschließend läßt sich wesentlich leichter radieren.

VERBESSERUNGEN

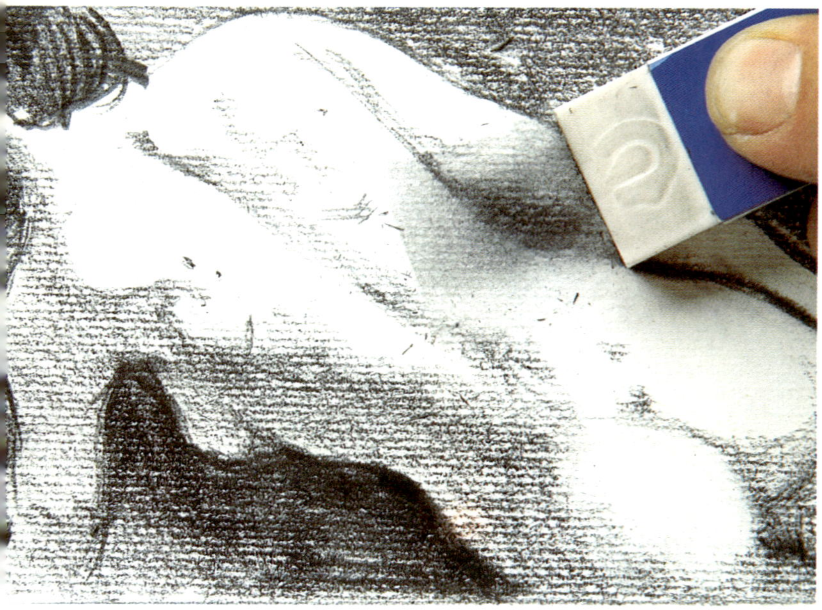

VERBESSERUNGEN MIT DEM RADIERGUMMI

Durch Radieren einer stark mit Bleistift geschwärzten Fläche kann die Zeichnung verschmutzen. Fährt man mit dem Radierer über die Stelle, streicht der Gummi die Farbpigmente aus, anstatt sie abzuheben. Das liegt an der Geschmeidigkeit des fetthaltigen Graphits und der Leichtigkeit, mit der es sich auf einer Fläche verteilt. Der Graphitüberschuß dehnt sich beim Radieren zu einem größeren Fleck aus. Das Entfernen gelingt also nur bei sehr feinen Graphitschichten.

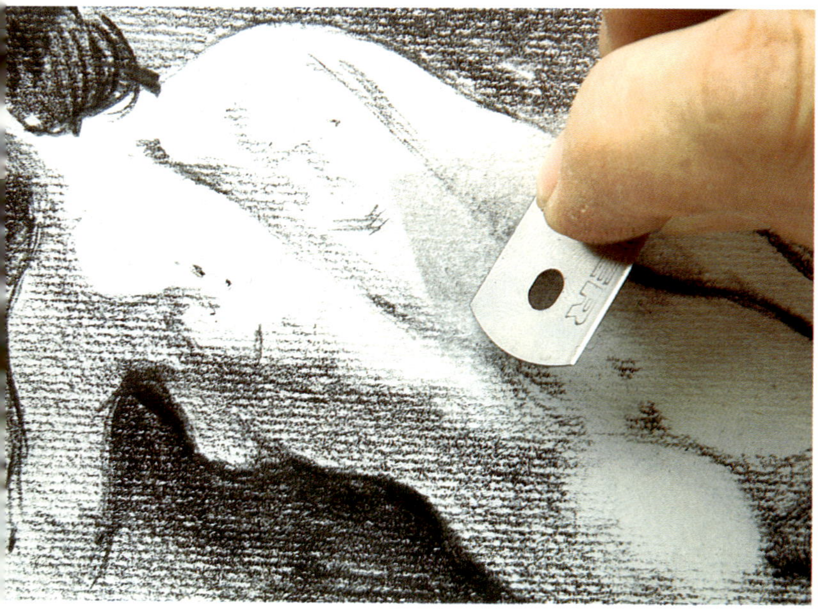

MIT DER KLINGE

Um die im vorigen Abschnitt geschilderten Schwierigkeiten zu vermeiden, sollte man den Graphitüberschuß vorab mit einer Klinge oder einem Cutter entfernen. Man führt die Klinge flach über das Papier und gibt sorgfältig acht, daß die Oberfläche nicht verkratzt. Ist der Graphitüberschuß beseitigt, kann man den restlichen Fleck gefahrlos mit dem Radiergummi säubern. Der Gummi nimmt die verbliebene Menge mühelos auf und hinterläßt absolut reines Weiß. Zur Reinigung des Gummis empfiehlt es sich, diesen so lange über ein Extrablatt zu führen, bis keine Graphitspuren zurückbleiben.

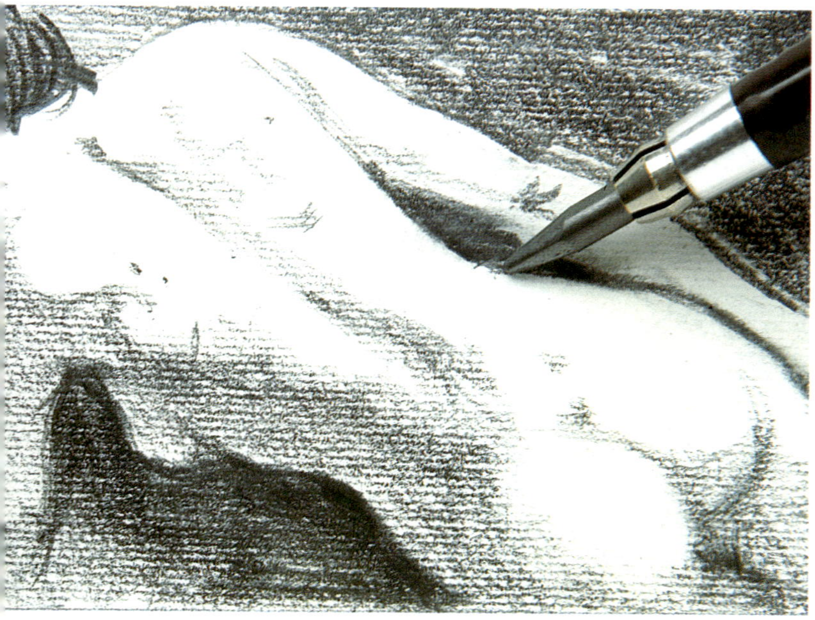

MIT DEM BLEISTIFT

Der letzte Schritt einer Verbesserung besteht aus der Wiederherstellung der ursprünglichen Zeichnung. Nach Abschluß der zuvor erwähnten Verfahren muß die korrigierte Stelle so sauber wie möglich sein, und das Papier darf keine Beschädigung aufweisen. Ist letzteres durch Kratzen mit der Klinge oder dem Radierer geschehen (der zu hart war oder beim Reiben zu stark aufgedrückt wurde), bleiben die Verbesserungen sichtbar. Die angerauhte Stelle nimmt einen anderen, normalerweise dunkleren Graphitton an, der auf den ersten Blick erkennbar ist.

Nützliche Ratschläge

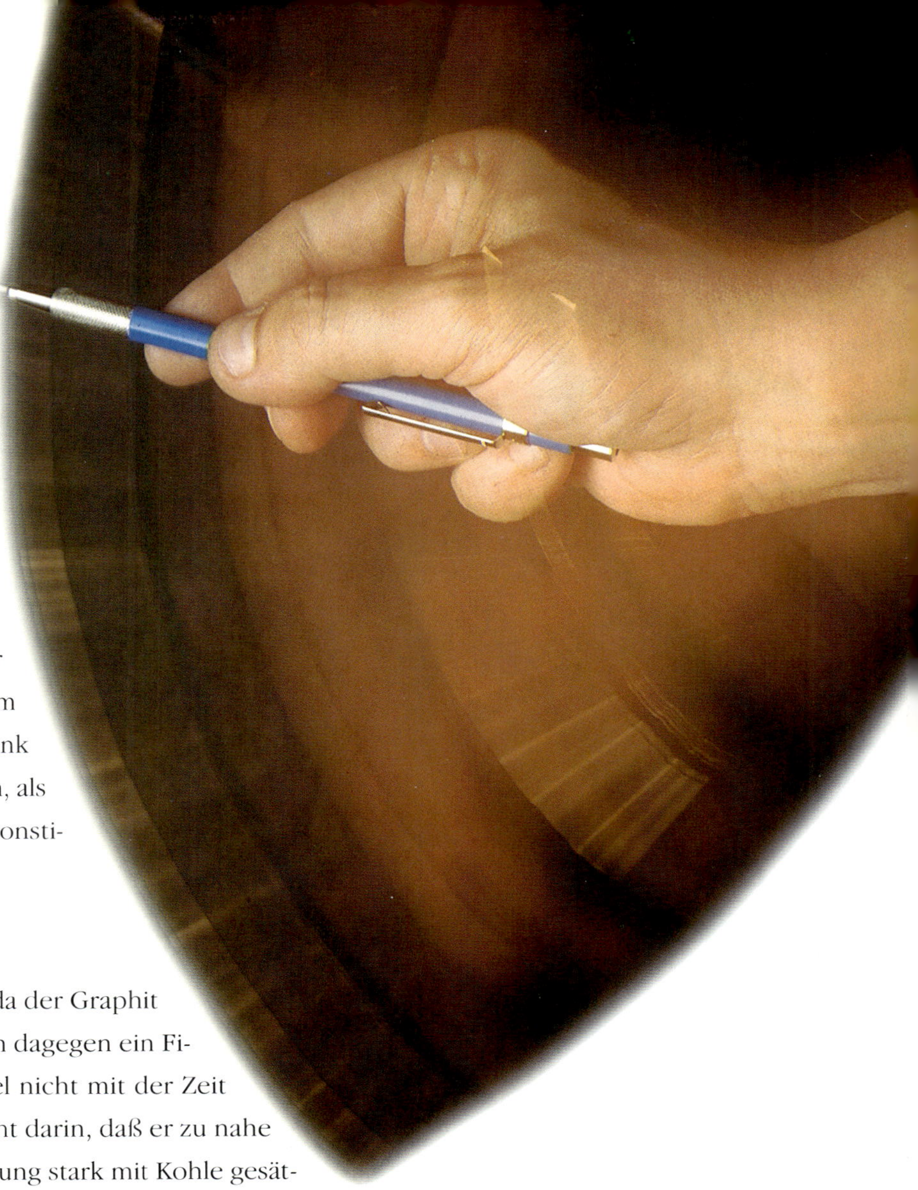

Halten des Stifts

Am bequemsten zeichnet man, wenn man den Stift wie eine Gabel innenliegend hält. Auf diese Weise ist die Beweglichkeit erheblich höher, und man kann rasch relativ präzise Linien ziehen, vor allem Krümmungen und weitgehend korrekte Kreise. Der Grund dafür ist, daß man die Richtung der Linien mit dem ganzen Arm von der Schulter über den Ellbogen bis zum Handgelenk kontrolliert. Dadurch entsteht erheblich mehr Spielraum, als wenn man den Stift wie einen Kugelschreiber oder ein sonstiges Schreibgerät faßt.

Fixieren der Zeichnung

Bleistiftzeichnungen brauchen nicht fixiert zu werden, da der Graphit gut auf dem Papier haftet. Kohlezeichnungen benötigen dagegen ein Fixativ, damit sie wegen der sich ablösenden Farbpartikel nicht mit der Zeit verblassen. Ein verbreiteter Fehler des Anfängers besteht darin, daß er zu nahe mit dem Fixierspray über das Blatt gleitet. Ist die Zeichnung stark mit Kohle gesättigt, fliegen die Partikel über das ganze Papier. Am besten hält man das Blatt senkrecht und sprüht das Fixativ aus etwa 30 cm Entfernung sehr fein auf. Das Papier darf nicht feucht werden. Benötigt man eine große Menge Fixierspray, sollte man es in mehreren Schichten auftragen.

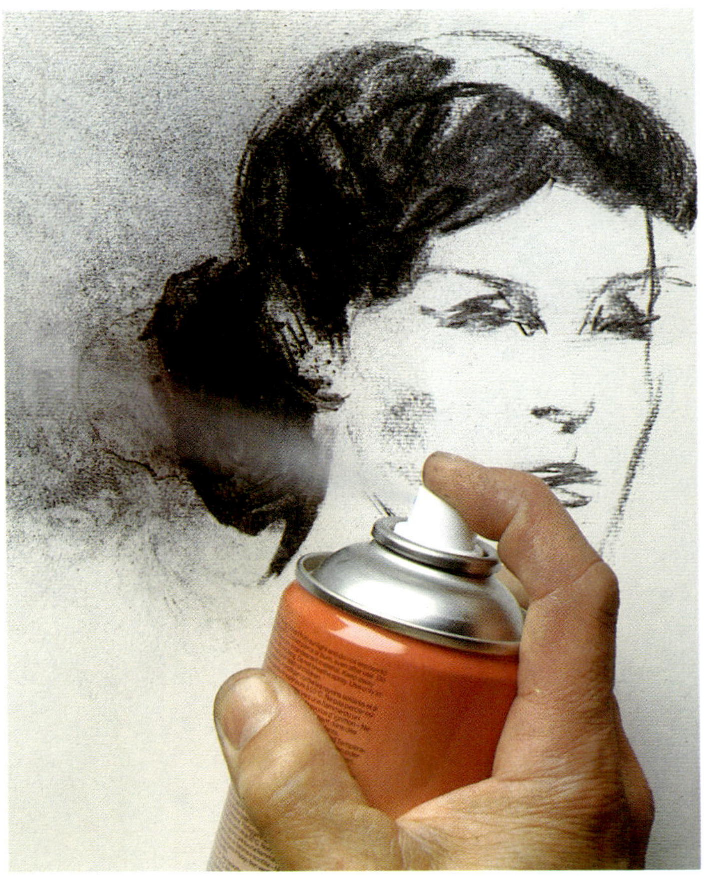

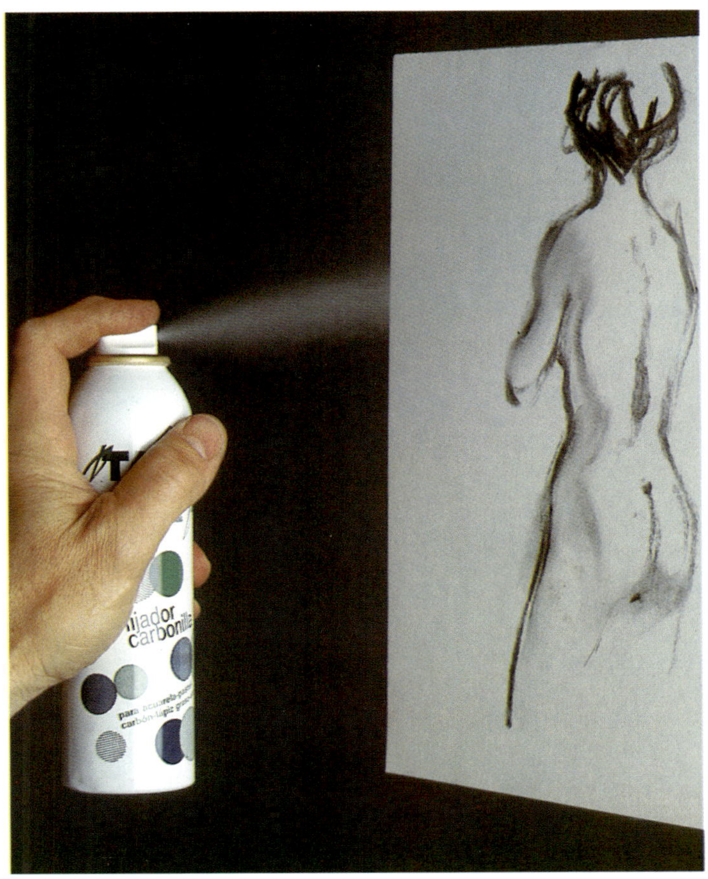

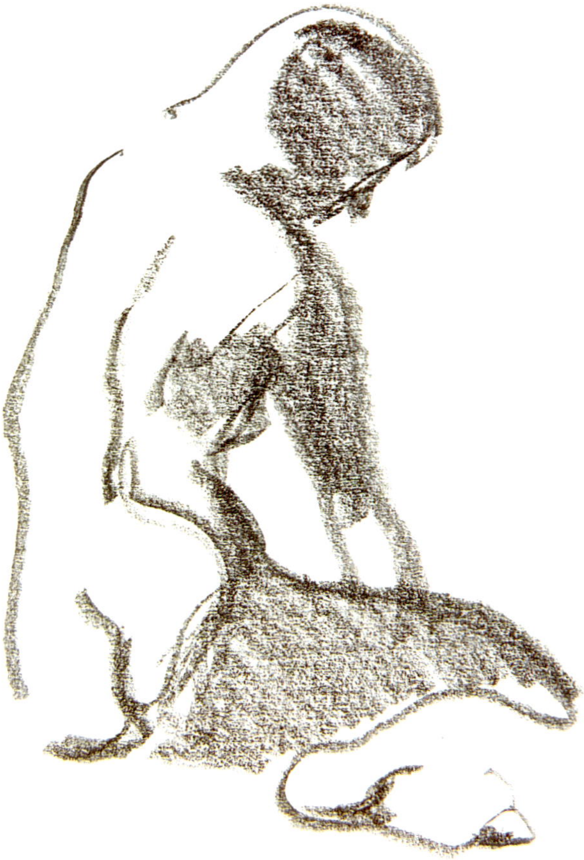

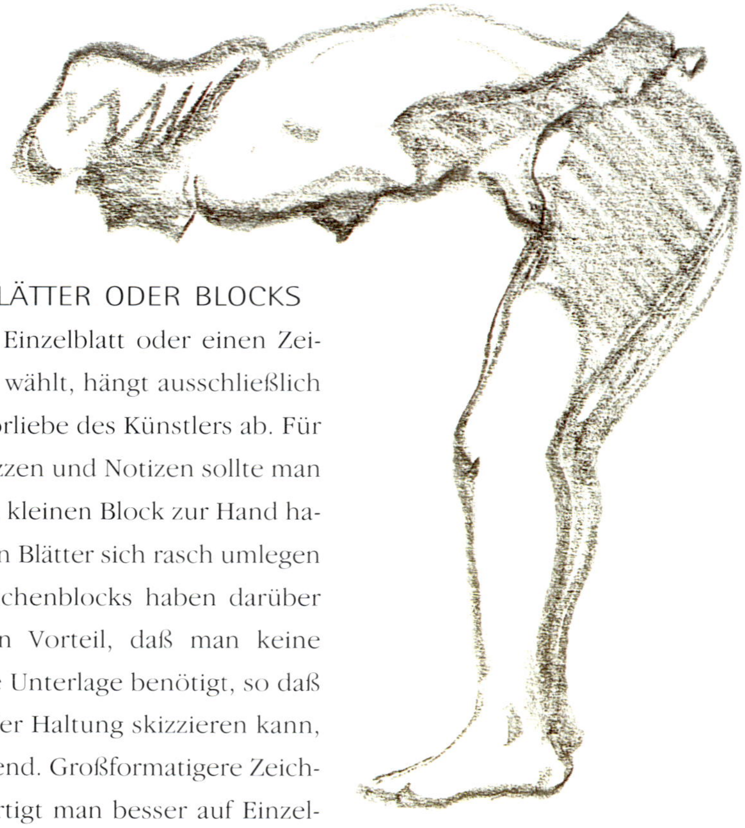

Einzelblätter oder Blocks

Ob er ein Einzelblatt oder einen Zeichenblock wählt, hängt ausschließlich von der Vorliebe des Künstlers ab. Für rasche Skizzen und Notizen sollte man stets einen kleinen Block zur Hand haben, dessen Blätter sich rasch umlegen lassen. Zeichenblocks haben darüber hinaus den Vorteil, daß man keine zusätzliche Unterlage benötigt, so daß man in jeder Haltung skizzieren kann, sogar stehend. Großformatigere Zeichnungen fertigt man besser auf Einzelblättern an, da Blocks dieses Formats umständlich zu handhaben wären.

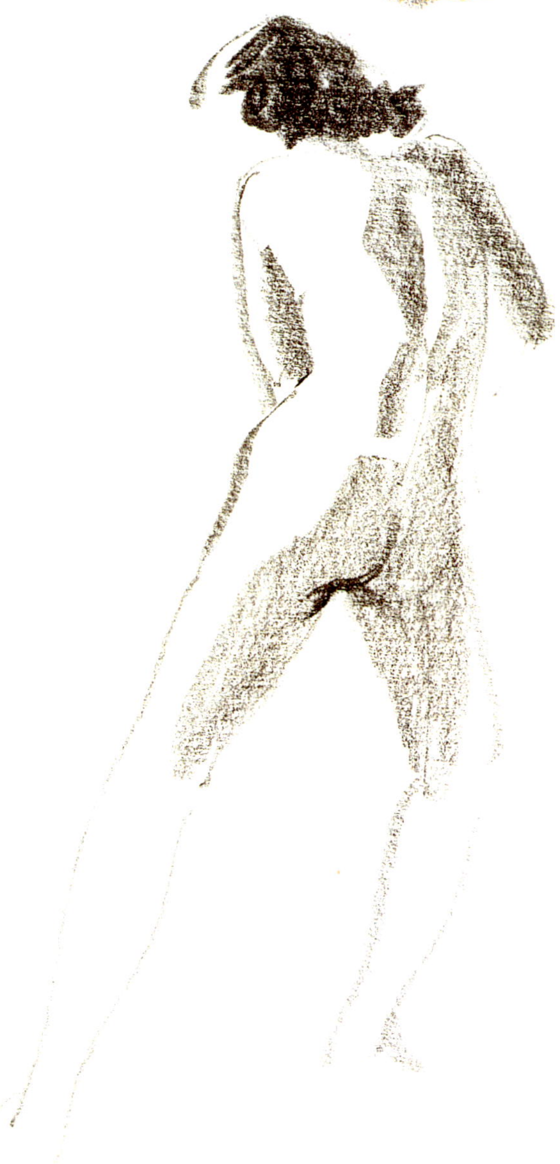

Lieber ein Minenhalter

Für Zeichnungen mit Graphit wählt man am besten eine Mine im Halter. Erstens braucht man die Mine nicht anzuspitzen, das geschieht automatisch. Zweitens kann man leichter Striche und Flecken mit der Seite anlegen. Bei einem Stift bereitet beides wegen der Holzfassung Probleme: Die Mine muß sehr lang angespitzt werden, und es besteht die Gefahr, daß sie bricht. Für Skizzen und Zeichnungen, die eine ungezwungene Ausführung erfordern, eignen sich am besten weiche Graphitminen mittlerer Stärke.

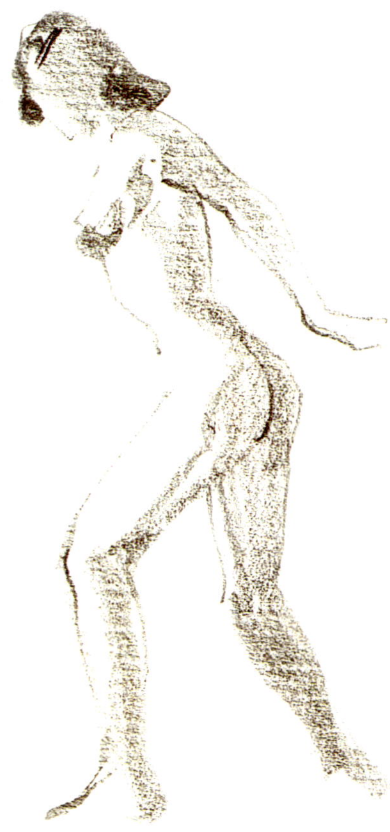

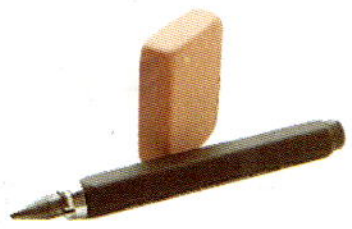

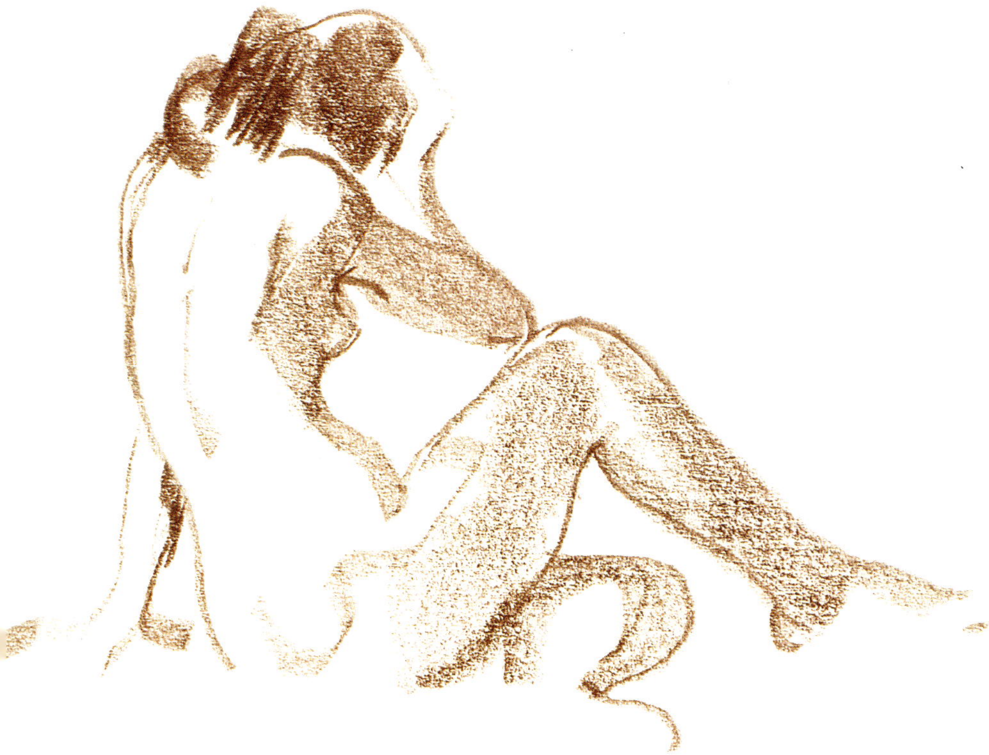

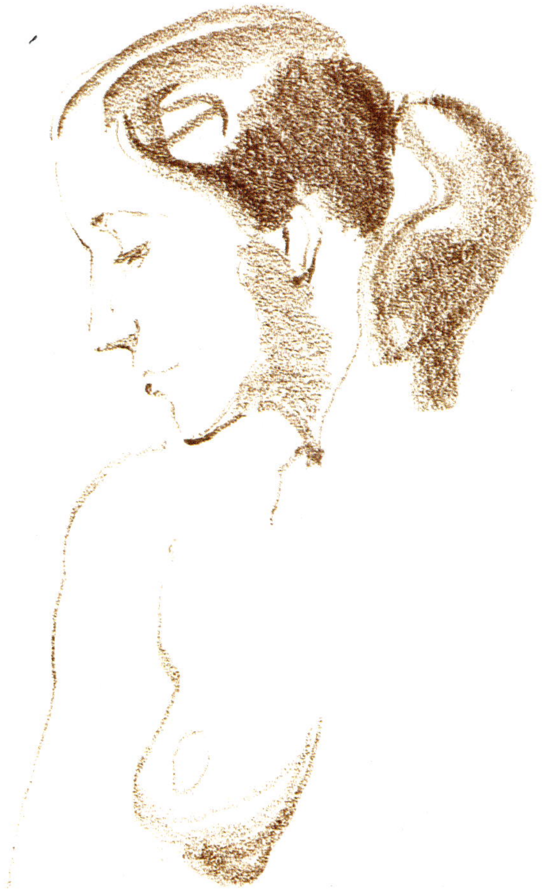

SCHUTZBLATT

Bei einer großformatigen Zeichnung mit zahlreichen Details kann das Papier durch Aufstützen der Hand verschmutzt werden. Das liegt an der Schweißabsonderung oder daran, daß der Ballen beim Weiterarbeiten über die Fläche rutscht. Dies läßt sich verhindern, indem man ein Schutzblatt unter die Hand legt und es während des Zeichnens mitnimmt. Das Problem entsteht nur, wenn man auf einem waagerechten Tisch zeichnet. Bei der Arbeit auf der Staffelei kommt die Hand des Künstlers nicht mit dem Papier in Berührung.

SKIZZEN UND SCHATTEN

Das Schattieren von Skizzen muß sehr leicht erfolgen und darf nicht übertrieben werden. Man stellt eine Synthese aus Licht und Schatten her und baut die wesentlichen Elemente der Gestalt daraus auf. Zu intensive Schatten finden sich beim unerfahrenen Zeichner und erzeugen Verwirrung. Auch bei großformatigen Zeichnungen beginnt man mit einer Synthese der Schatten und fährt auf dieser Grundlage fort. Keinesfalls darf man winzige Details anlegen und die ganze Gestalt minutiös vervollständigen.

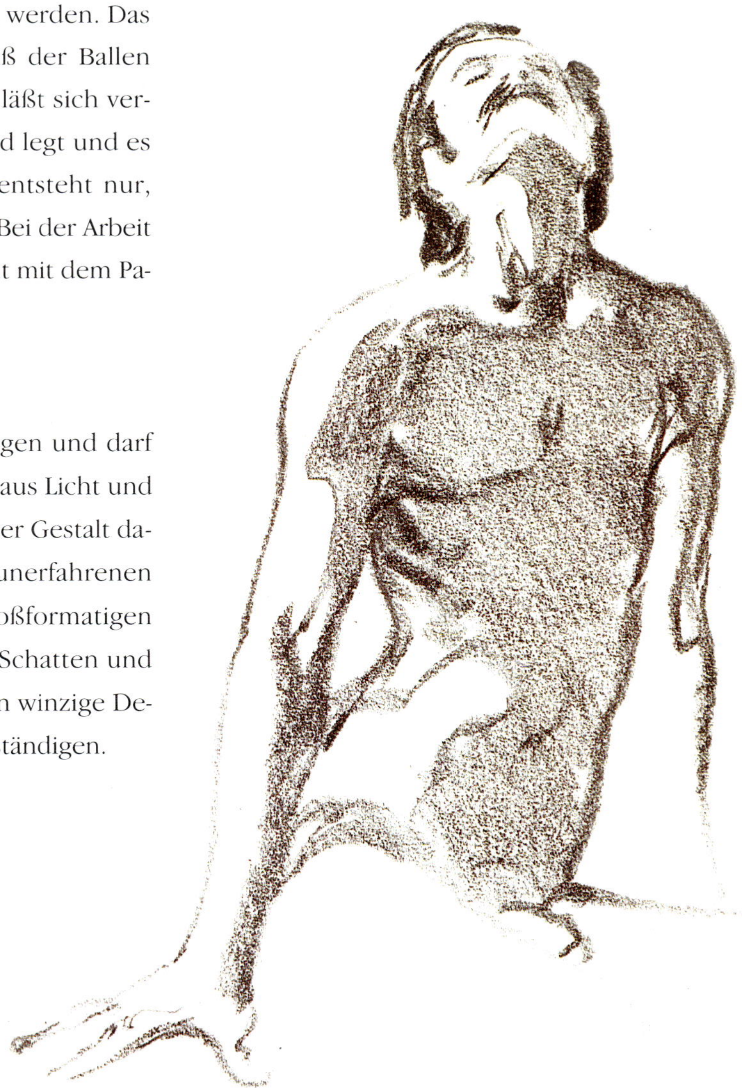

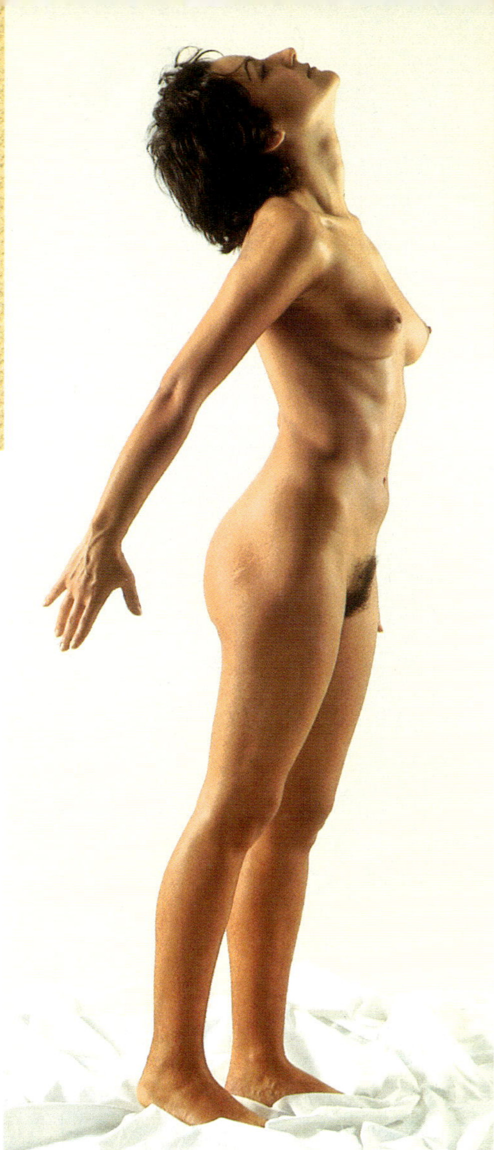

DIE SYNTHESE

DIE GESTALT IM PROFIL

Auf der vorigen Seite war bereits von der Bedeutung der Synthese für die Arbeit nach einem Modell die Rede. Jeder Zeichner muß die Fähigkeit erwerben, zusammenfassend zu arbeiten. Auf diese Weise wird die Gestalt von Beginn an vollständig dargestellt und als einheitliches, gut proportioniertes Ganzes betrachtet. Die Synthese erfordert eine annähernde Berechnung der Proportionen, die sich auf die Erkenntnis der wesentlichen Umrisse stützt. Bei der folgenden Übung erfahren wir, wie die erste Anlage der Umrisse die Wiedergabe der restlichen Gestalt erleichtert. Wir brauchen uns weder mit Details aufzuhalten noch mit einer minutiösen Ausarbeitung der Volumen. Es geht einzig um die Grundfragen, die allgemeine Struktur der Gestalt als Vorübung für eine spätere Arbeit.

DAS MATERIAL

- Ingres-Büttenpapier.
- Graphitstift der Gradation 6B.

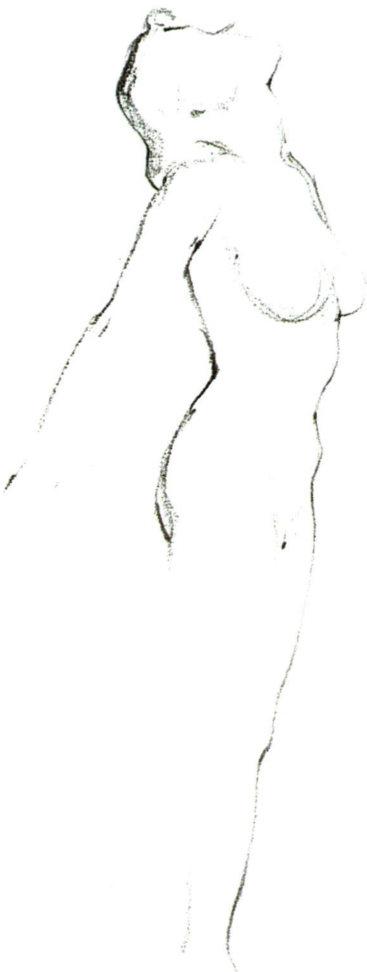

1 Dies sind die Grundlinien, die die entscheidende Synthese des Modells enthalten. Die Umrisse sind noch unvollständig, geben die Pose und die Proportionen der Gliedmaßen aber bereits wieder.

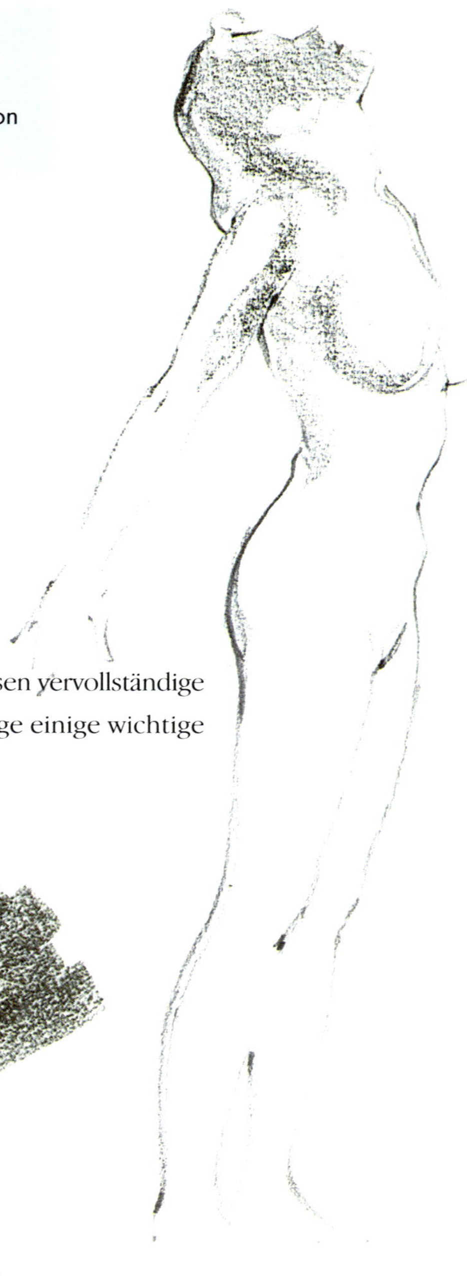

2 Nach den Hauptumrissen vervollständige ich die Gestalt und füge einige wichtige Schatten hinzu.

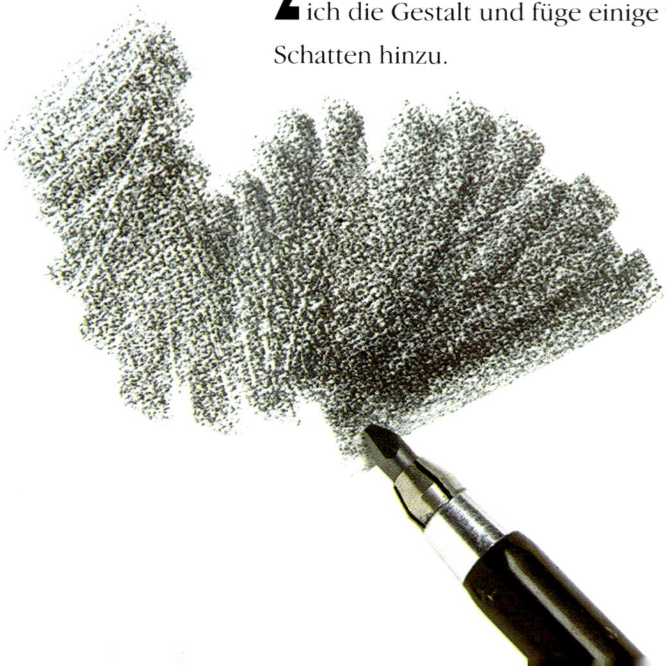

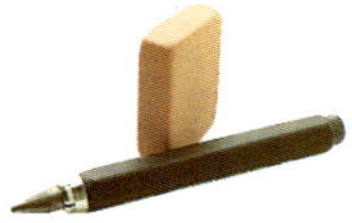

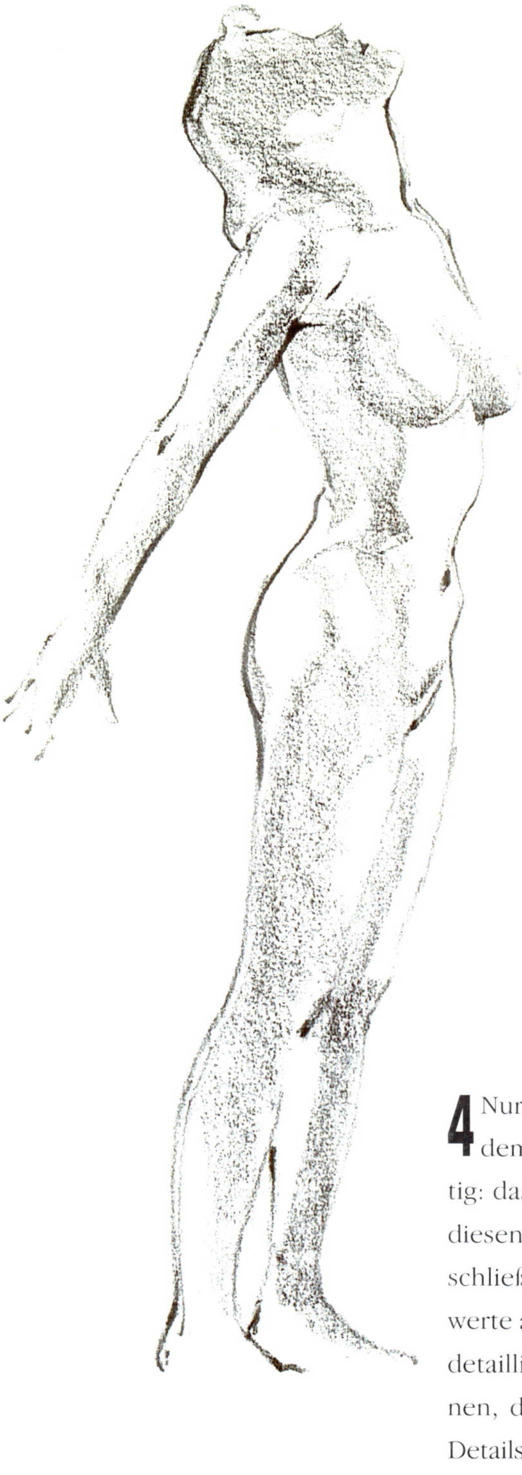

3 Ich schattiere nun die übrige Gestalt, ohne mich mit Einzelheiten aufzuhalten. Der helle Farbfleck umschließt die Mitte des Körpers etwa wie bei einem Zylinder.

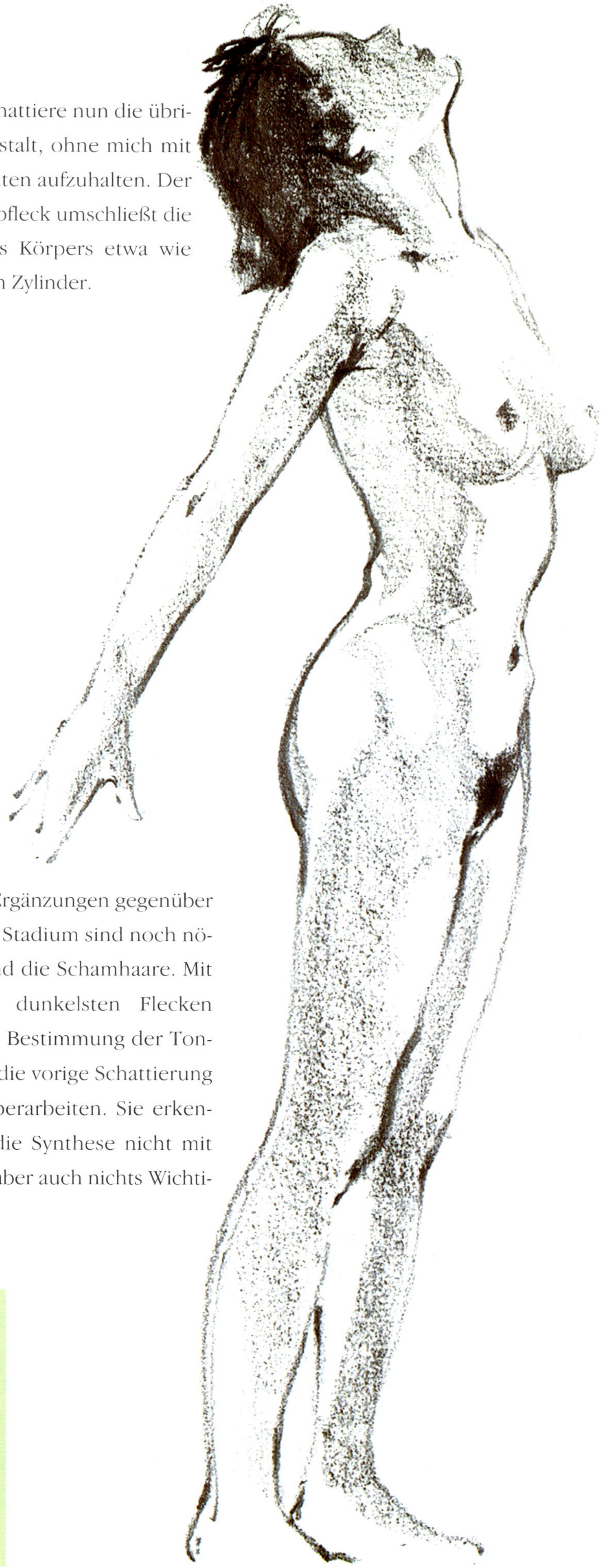

4 Nur wenige Ergänzungen gegenüber dem vorigen Stadium sind noch nötig: das Haar und die Schamhaare. Mit diesen beiden dunkelsten Flecken schließe ich die Bestimmung der Tonwerte ab, ohne die vorige Schattierung detailliert zu überarbeiten. Sie erkennen, daß sich die Synthese nicht mit Details aufhält, aber auch nichts Wichtiges fortläßt.

DIE HALTUNG DES STIFTS

Ich halte den Stift nach der Art des klassischen Figurenzeichnens innenliegend. So kann ich sehr rasch linear zeichnen und die Formen zusammenfassen. Außerdem kann ich den Neigungswinkel variieren und leichter Grautöne und Abstufungen mit der seitlichen Mine anlegen. Es ist nicht schwer, sich an diese Haltung des Stifts zu gewöhnen. Von ihr hängt es in hohem Maße ab, ob der Zeichner eine gute Synthese erreicht.

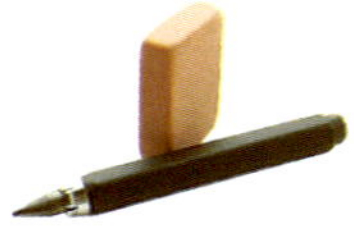

DIE RÜCKENANSICHT

Eine neue Übung zum Thema Synthese. In diesem Fall handelt es sich um die Rückenansicht eines weiblichen Akts. Die Pose beinhaltet gewisse Schwierigkeiten. Erstens kann man sich nicht allein an die Umrisse halten. Zweitens sind die einzelnen Ebenen weniger ausgeprägt als bei einer Gestalt im Profil oder von vorn. Diese Schwierigkeiten lassen sich durch sorgfältige Beachtung der Symmetrieachse lösen, die von der Wirbelsäule und dem Gesäß angegeben wird. Die Symmetrieachse ist ebenso wichtig wie die Umrisse. Von ihrem korrekten Verlauf hängt die gute Darstellung der Pose ab. Sie braucht jedoch nicht übermäßig betont zu werden. Es reicht, wenn man das Modell aufmerksam studiert und die richtige Lage angibt.

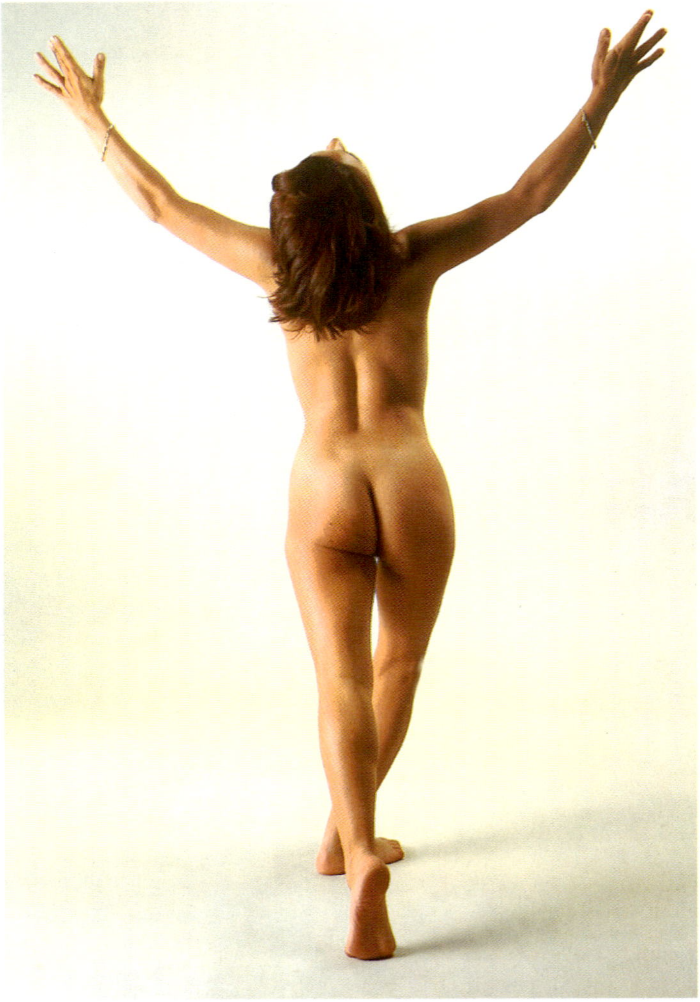

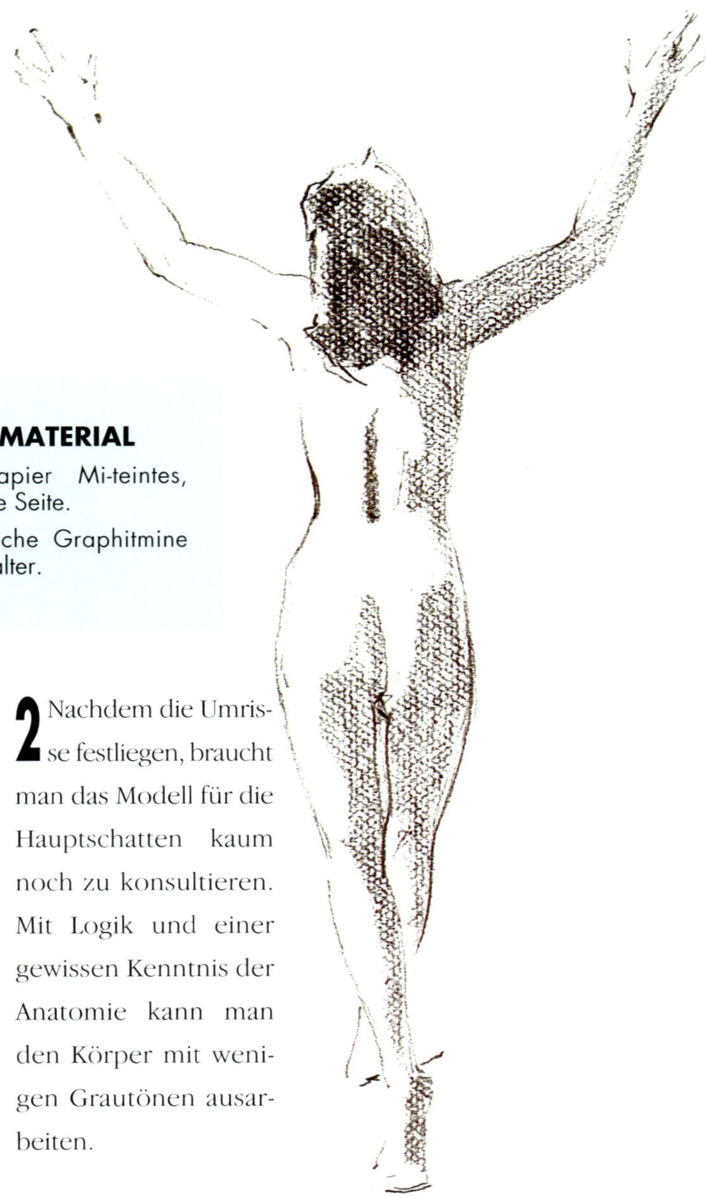

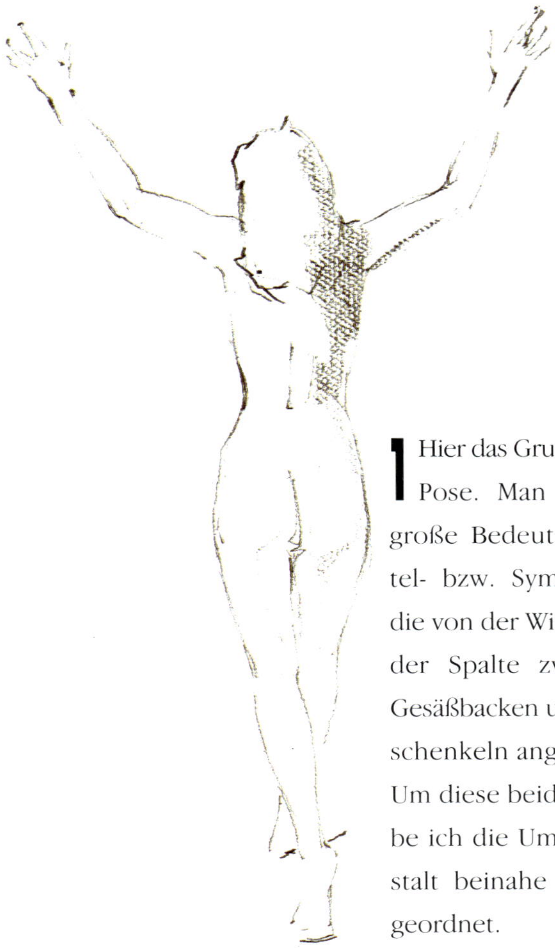

DAS MATERIAL

- Cansonpapier Mi-teintes, grobkörnige Seite.
- Sehr weiche Graphitmine im Minenhalter.

1 Hier das Grundschema der Pose. Man erkennt die große Bedeutung der Mittel- bzw. Symmetrieachse, die von der Wirbelsäule und der Spalte zwischen den Gesäßbacken und den Oberschenkeln angegeben wird. Um diese beiden Linien habe ich die Umrisse der Gestalt beinahe symmetrisch geordnet.

2 Nachdem die Umrisse festliegen, braucht man das Modell für die Hauptschatten kaum noch zu konsultieren. Mit Logik und einer gewissen Kenntnis der Anatomie kann man den Körper mit wenigen Grautönen ausarbeiten.

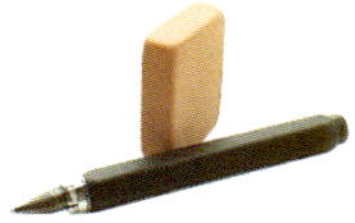

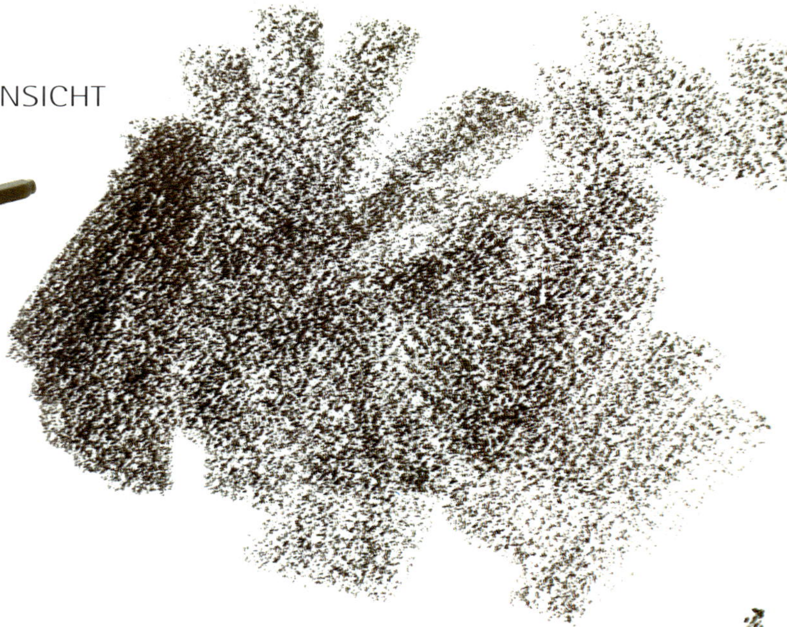

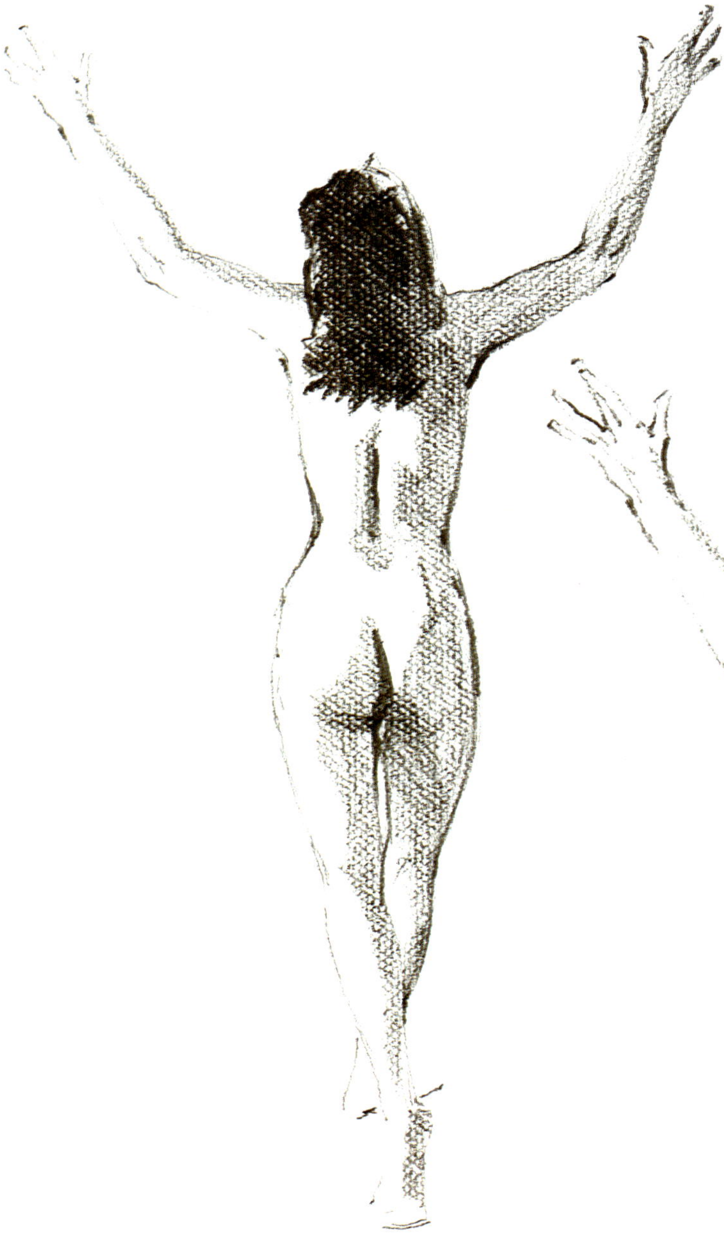

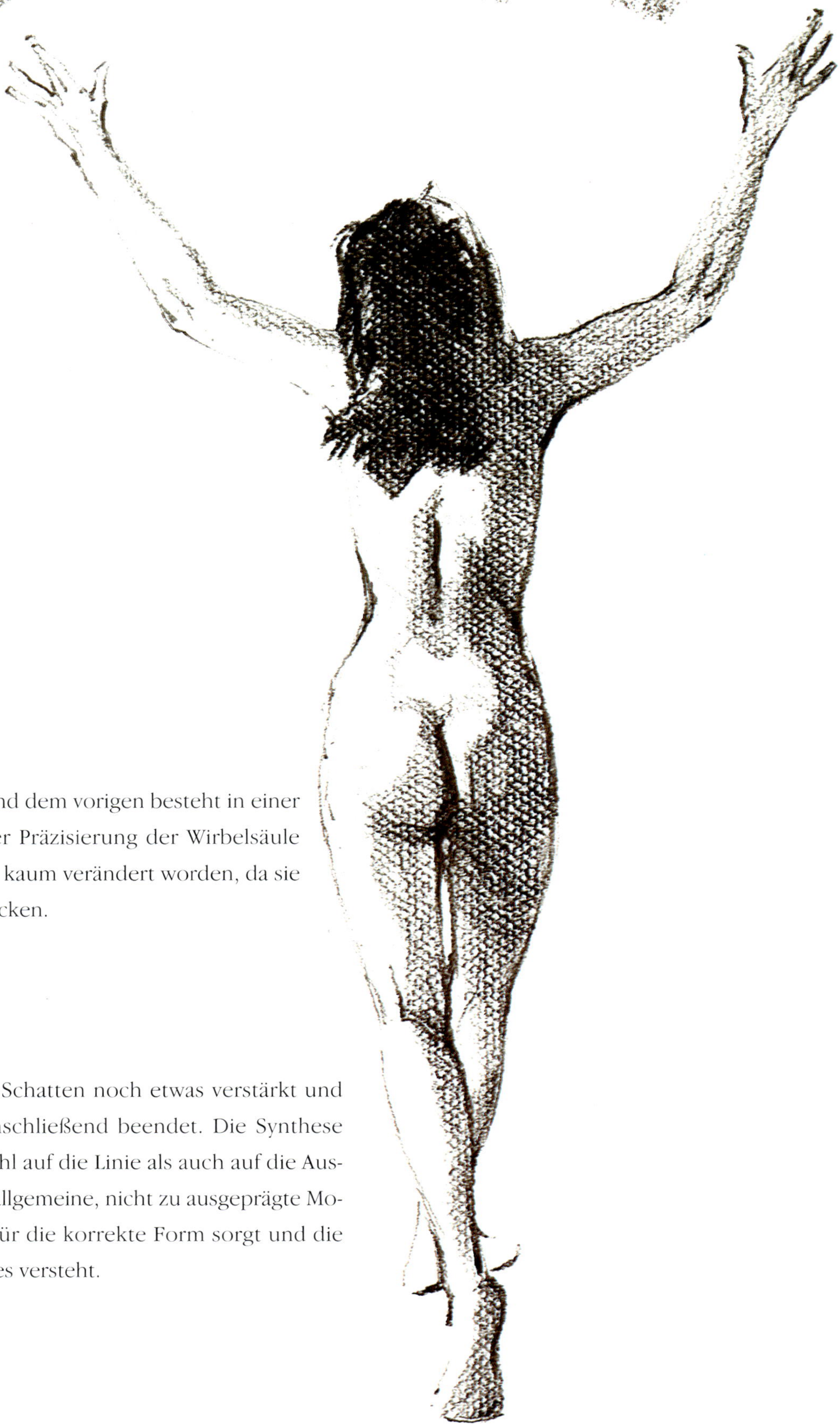

3 Der Unterschied zwischen diesem Stadium und dem vorigen besteht in einer Verstärkung der Schatten des Haars und der Präzisierung der Wirbelsäule und des Gesäßes. Die eigentlichen Flecken sind kaum verändert worden, da sie bereits die zylindrische Form der Glieder ausdrücken.

GRAUTÖNE

Mit der Graphitmine lassen sich mühelos Grautöne erzielen. Dazu braucht man die Mine nur seitlich aufzulegen und rasch über das Papier zu führen. Soll die Fläche gleichförmig sein, darf der Druck nicht verändert werden.

4 Ich habe die Schatten noch etwas verstärkt und die Skizze anschließend beendet. Die Synthese stützt sich sowohl auf die Linie als auch auf die Ausarbeitung: eine allgemeine, nicht zu ausgeprägte Modellierung, die für die korrekte Form sorgt und die Gestalt als Ganzes versteht.

DIE BEWEGUNG

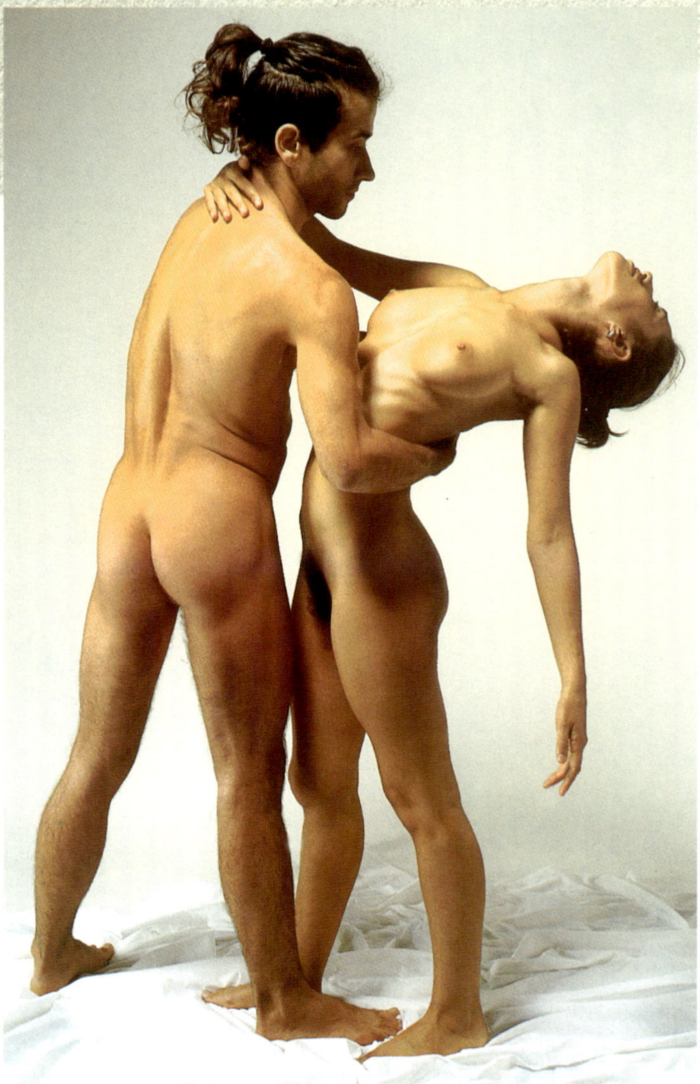

ZWEI GESTALTEN

Zeichnen von Gestalten in Bewegung setzt Verständnis für den dynamischen Ablauf innerhalb des menschlichen Körpers einschließlich seiner Drehungen voraus. Entscheidend ist nicht die Wiedergabe von ein oder mehreren Gestalten bei einer momentanen Handlung, sondern das Festhalten der unterschiedlichen Spannungen und Entspannungen, die der Körper bei einer bestimmten Pose zeigt. Hierfür haben wir zwei Gestalten in einer dynamischen Haltung gewählt. Ein Motiv, reich an gegensätzlichen Spannungen und Bewegungen, das ich darstellen werde, indem ich von einer sehr ähnlichen Synthese wie bei den beiden vorigen Übungen ausgehe.

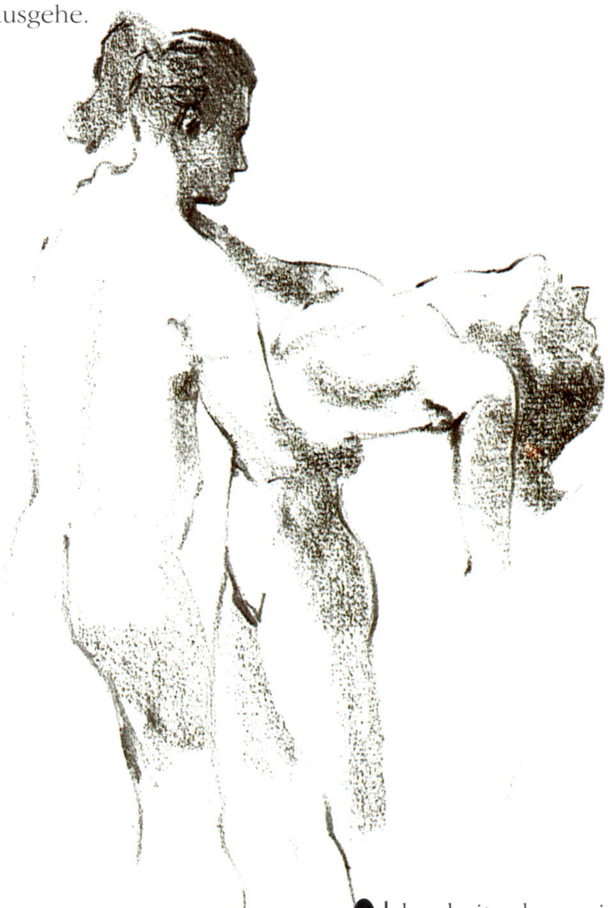

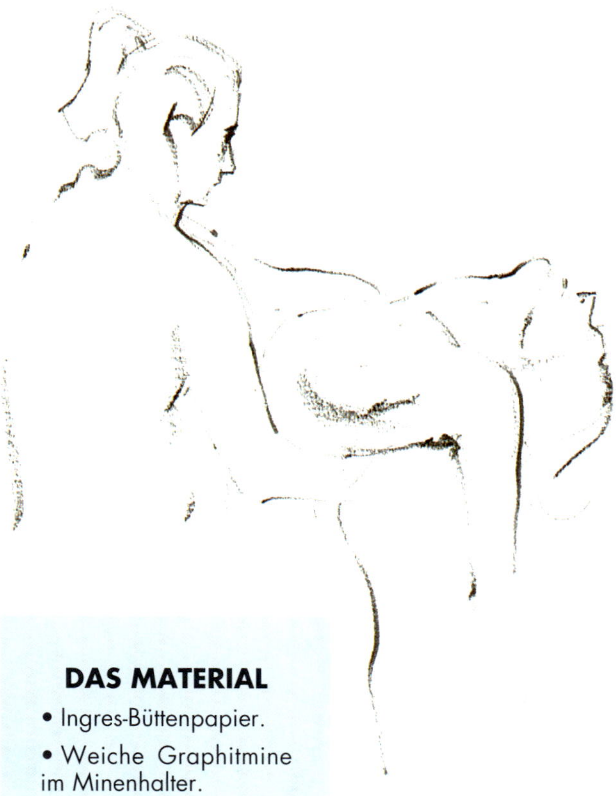

1 Der erste Schritt ist eine allgemeine Synthese des Kerns des Themas. Dieser Kern oder dieses dynamische Zentrum besteht aus den erheblichen Spannung in den Armen des jungen Mannes, der die Rückenbeuge des jungen Mädchens ermöglicht. Das muß in der graphischen Darstellung der Pose zum Ausdruck kommen.

2 Ich arbeite das vorige Stadium weiter aus und kann bereits einige Schatten verteilen. Dabei halte ich mich an die dynamischen Zentren, die ich ermittelt habe: den Unterarm der männlichen Gestalt und die extreme Rükkenbeuge des jungen Mädchens.

DAS MATERIAL

- Ingres-Büttenpapier.
- Weiche Graphitmine im Minenhalter.

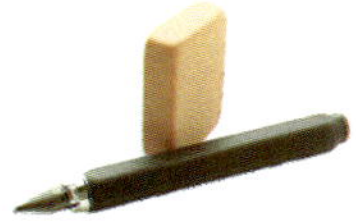

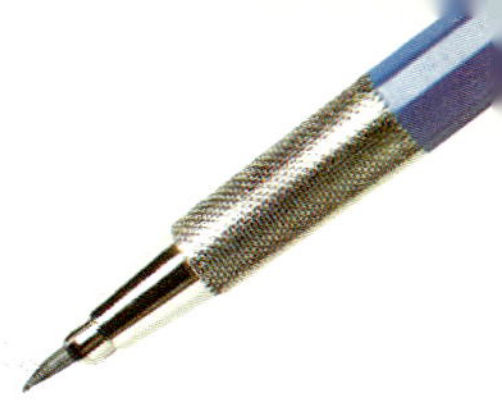

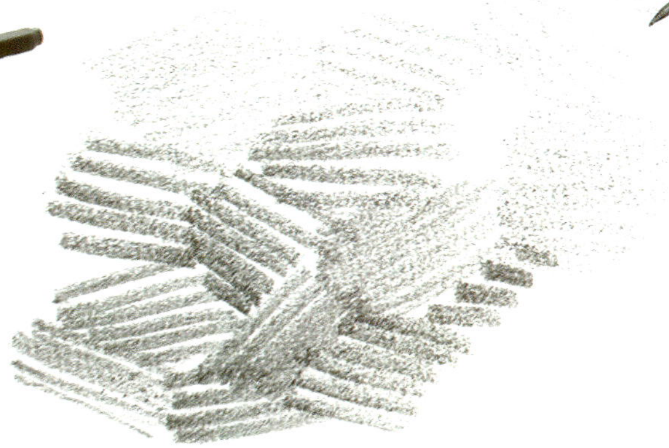

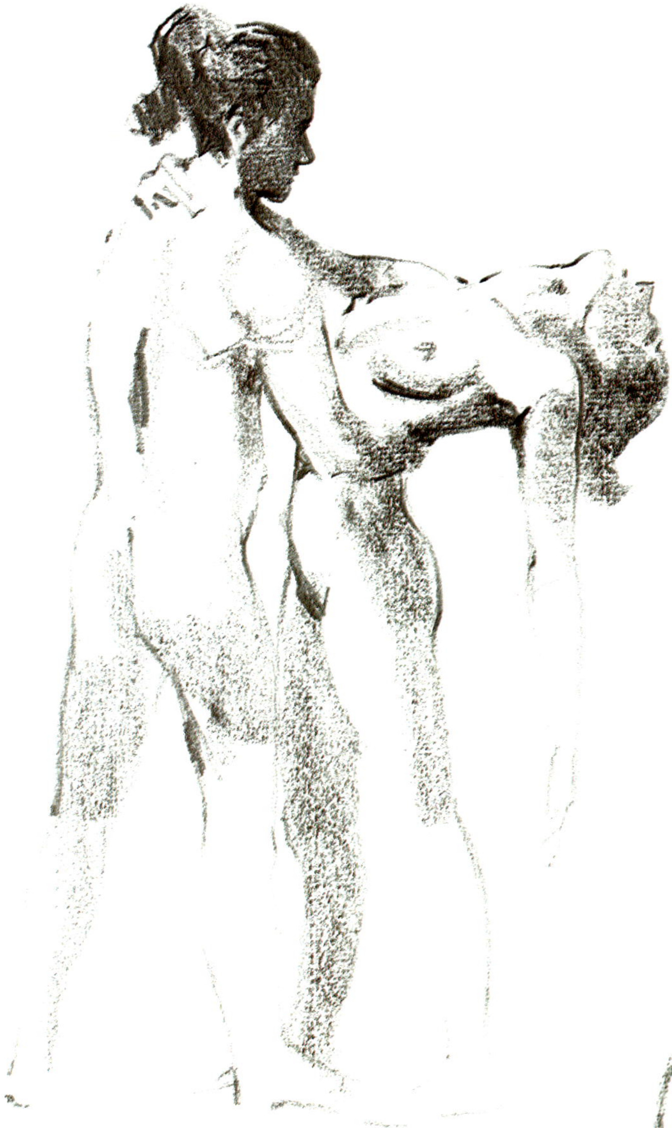

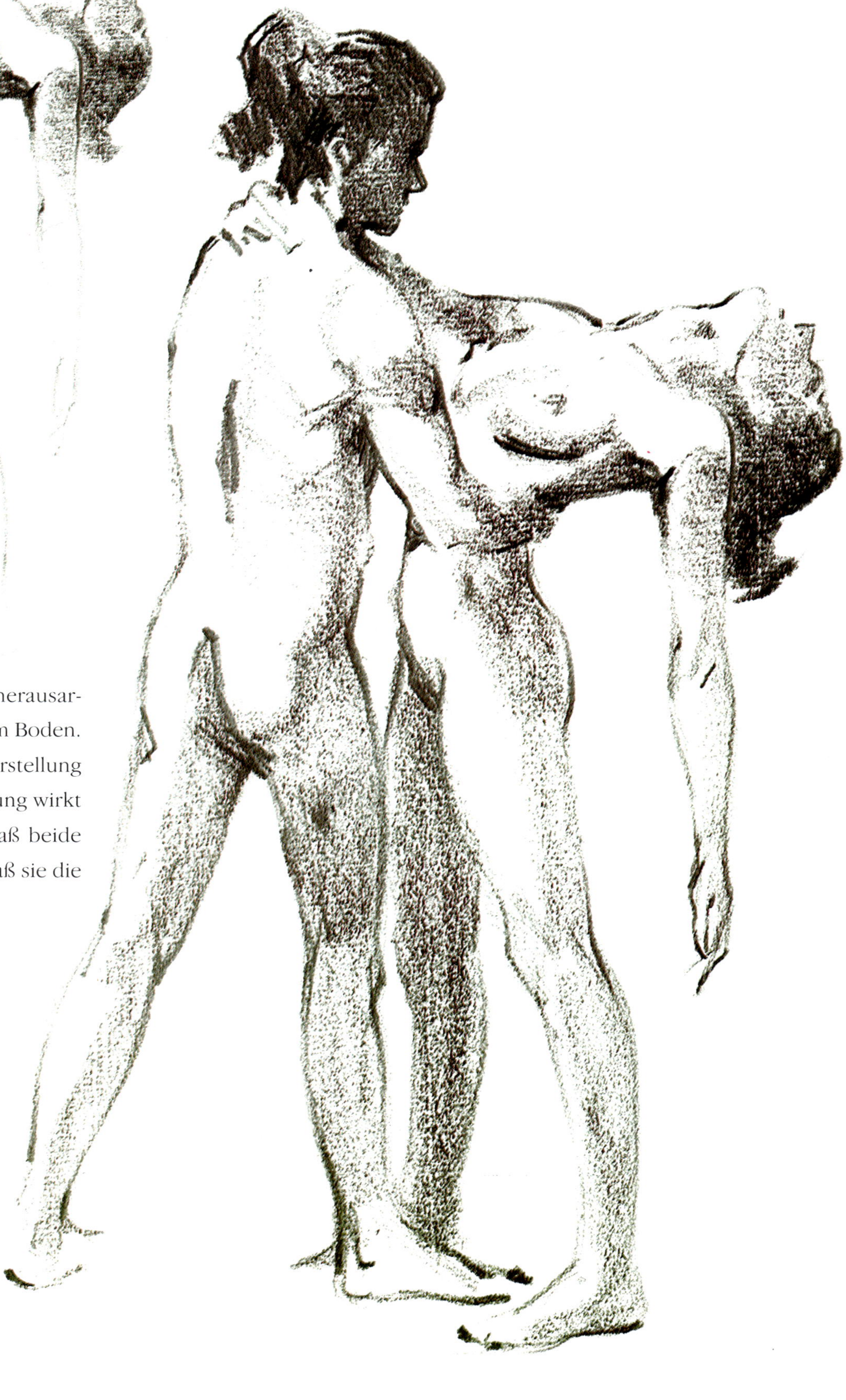

3 Jetzt muß ich den Stand der Gestalten herausarbeiten, also deren Gleichgewicht auf dem Boden. Dies ist die Voraussetzung für eine gute Darstellung der Bewegung. Eine unausgewogene Haltung wirkt nicht glaubhaft. Ich muß dafür sorgen, daß beide Gestalten so fest auf dem Boden stehen, daß sie die Pose wirklich ausführen können.

4 Der letzte Schritt besteht aus der Intensivierung einiger Schatten vor allem in den Beinen, um das zuvor erwähnte notwendige Gleichgewicht zu festigen. Das leichte Vorbeugen der männlichen Gestalt wird durch die Rückstellung des linken Beins ausgedrückt. Derlei wechselseitige Ausgleichsfaktoren verleihen einer Gestalt Bewegung.

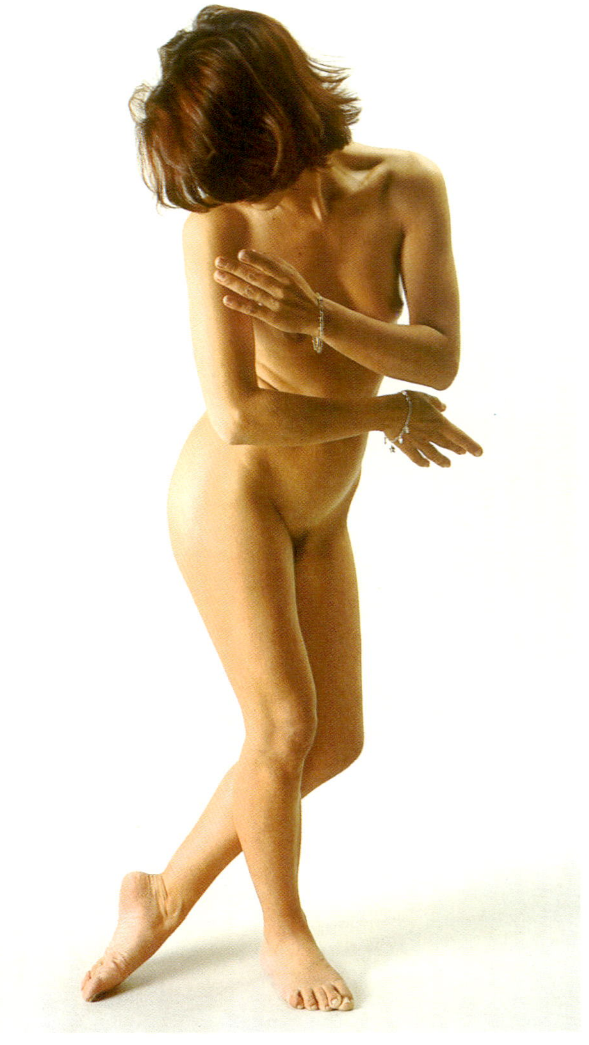

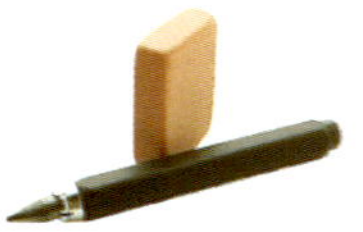

EINE EINZELNE GESTALT

Diese etwas theatralische Pose wurde gewählt, um einige Schwierigkeiten zu schaffen, die Sie in Ihrem derzeitigen Lernstadium in Angriff nehmen sollten. Die Verteilung der Gewichte und der Stützpunkte ist ziemlich kompliziert. Das Gewicht der Gestalt ist nach rechts verlagert und bedingt eine Spannung im rechten Stützbein, die vom Knie durch den ganzen Oberschenkel bis zur Hüfte reicht. Dies sind die entscheidenden Faktoren, auf denen die Bewegung der Pose beruht. Als zusätzliche Elemente sind die Gegenbewegung der Arme und der Schultern zu nennen, die sich nach links neigen. Dies müssen wir berücksichtigen, wenn wir zu zeichnen beginnen.

DAS MATERIAL

- Cansonpapier Mi-teintes.
- Schwarzer Conté-Stift, spitz und flach aufgelegt.

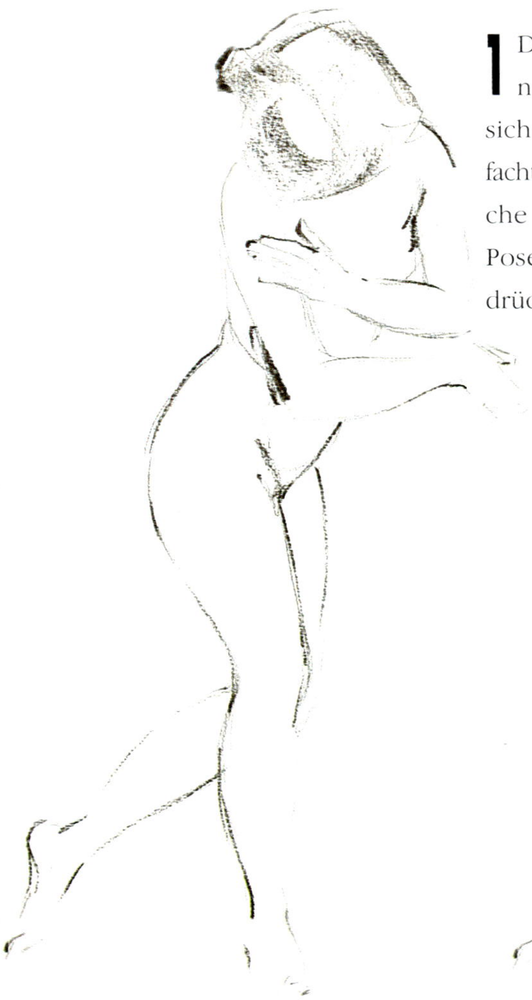

1 Die Eingangslinien reduzieren sich auf die vereinfachten Umrisse, welche die allgemeine Pose bereits ausdrücken.

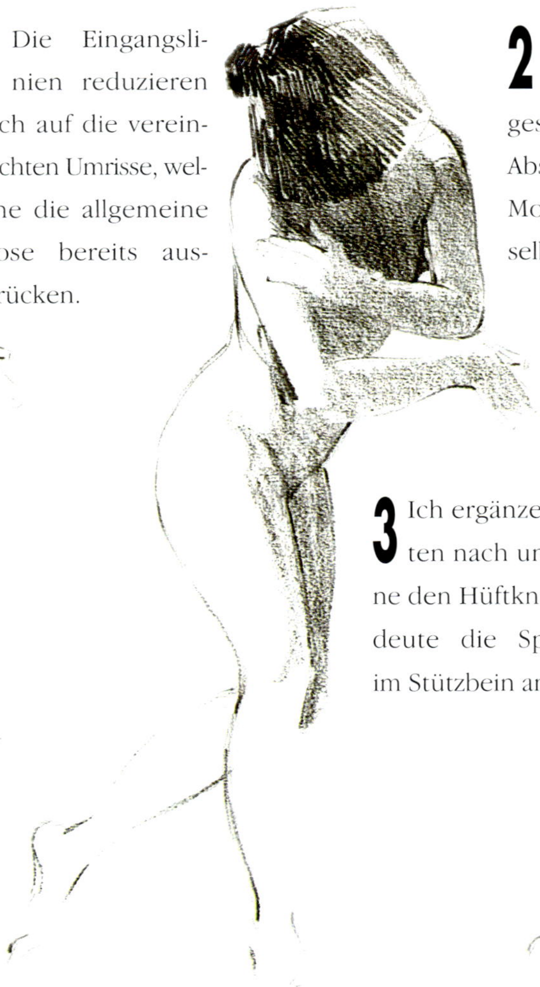

2 Als erstes schattiere ich den gesamten oberen Abschnitt, wo das Modell in sich selbst ruht.

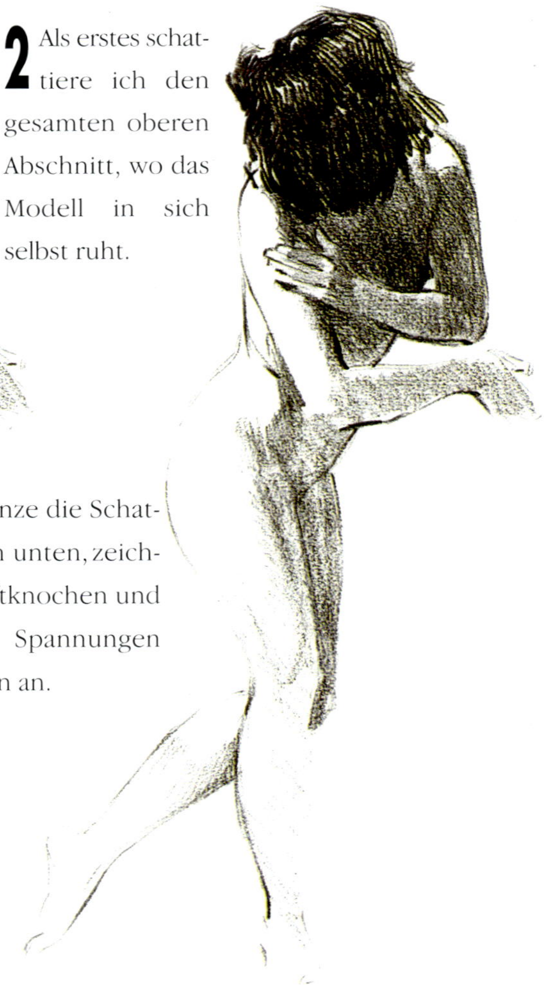

3 Ich ergänze die Schatten nach unten, zeichne den Hüftknochen und deute die Spannungen im Stützbein an.

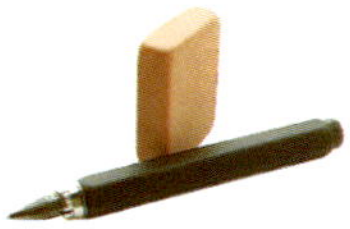

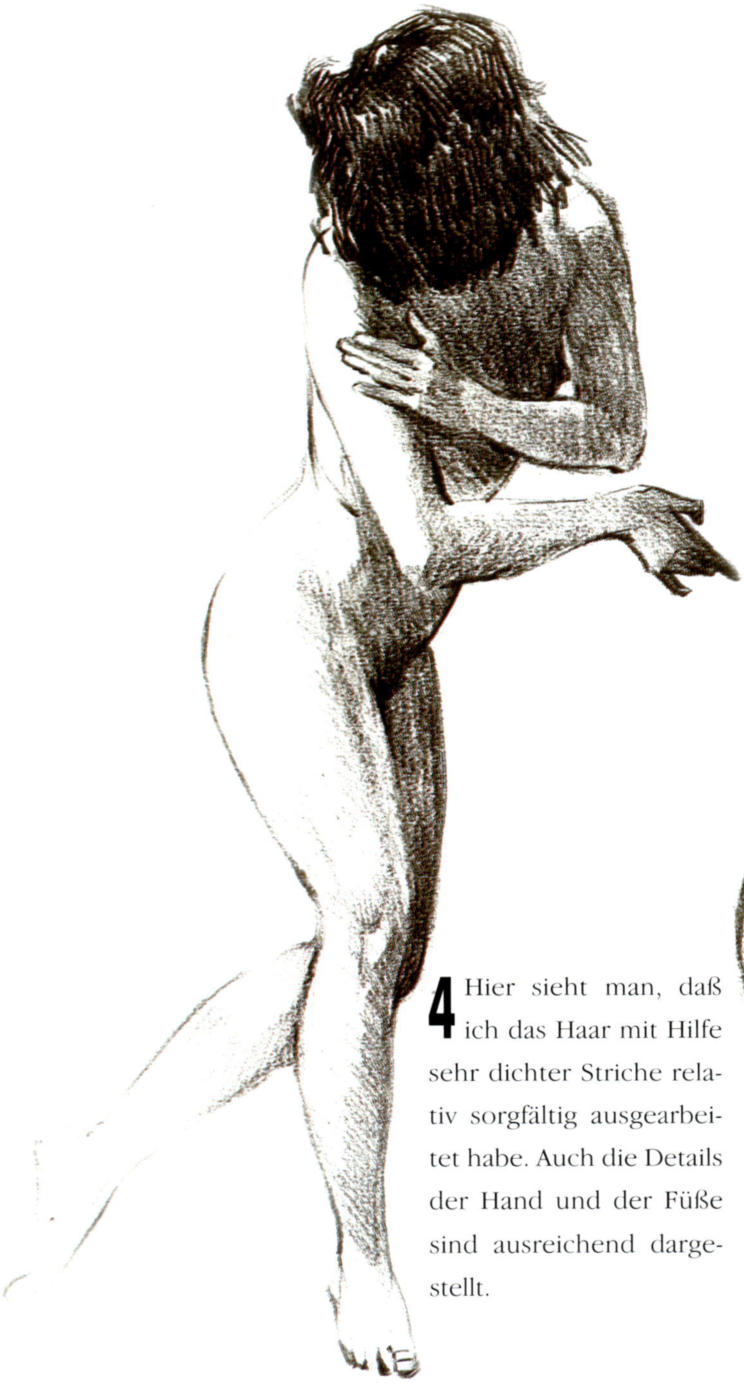

4 Hier sieht man, daß ich das Haar mit Hilfe sehr dichter Striche relativ sorgfältig ausgearbeitet habe. Auch die Details der Hand und der Füße sind ausreichend dargestellt.

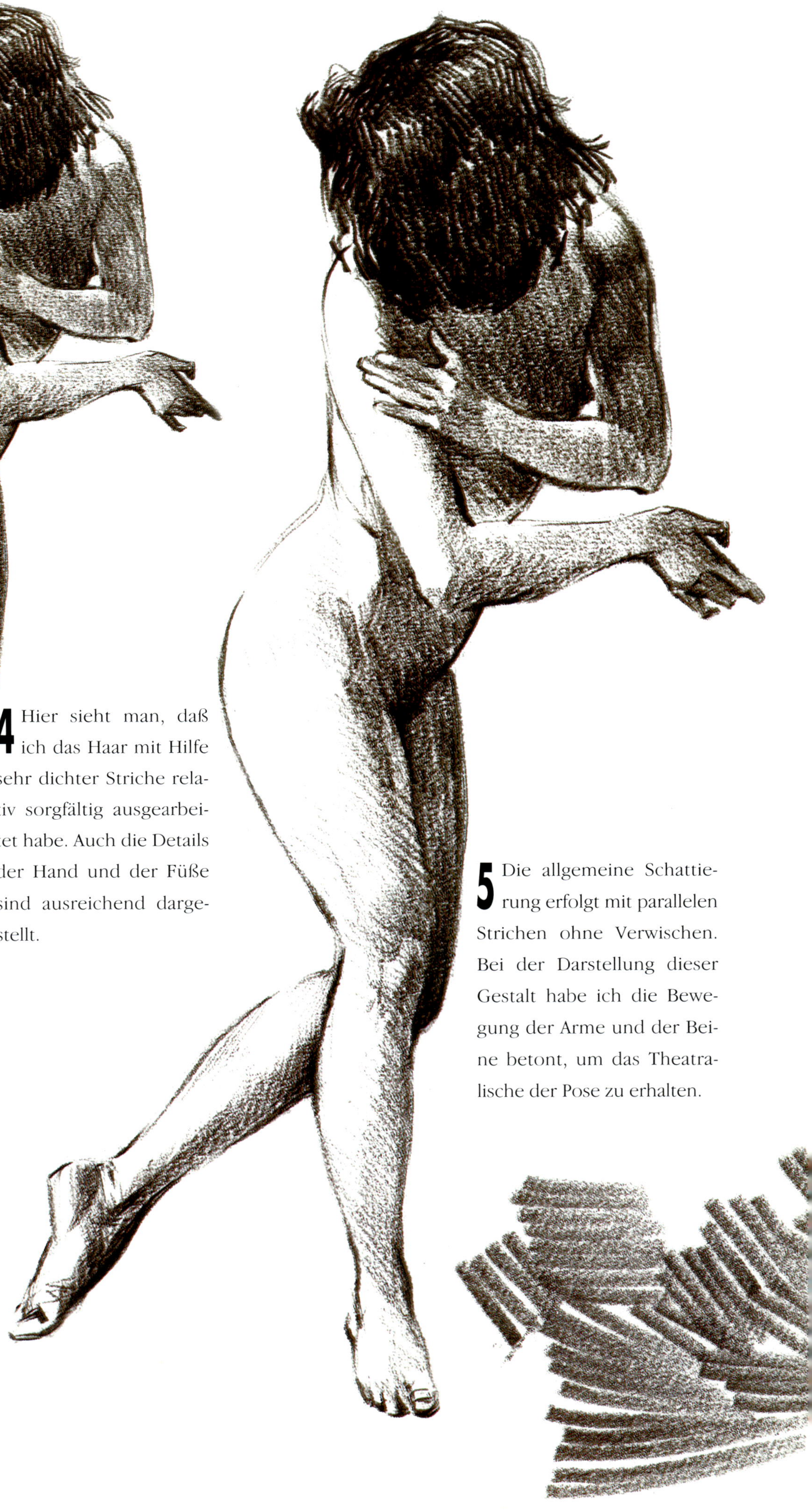

5 Die allgemeine Schattierung erfolgt mit parallelen Strichen ohne Verwischen. Bei der Darstellung dieser Gestalt habe ich die Bewegung der Arme und der Beine betont, um das Theatralische der Pose zu erhalten.

SCHATTIEREN MIT SCHRAFFUREN

Durch Schattieren mit parallelen oder gekreuzten Strichen läßt sich das Volumen besser ausdrücken, weil der Zeichner nicht nur die unterschiedlichen Tonwerte nutzt (hier des Conté-Stifts), sondern auch die Strichrichtung einsetzt, um die Form zu beschreiben.

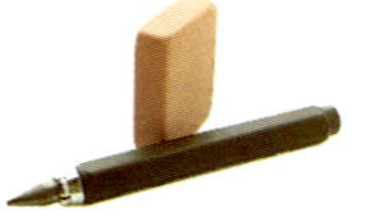

DIE RUMPFBEUGE

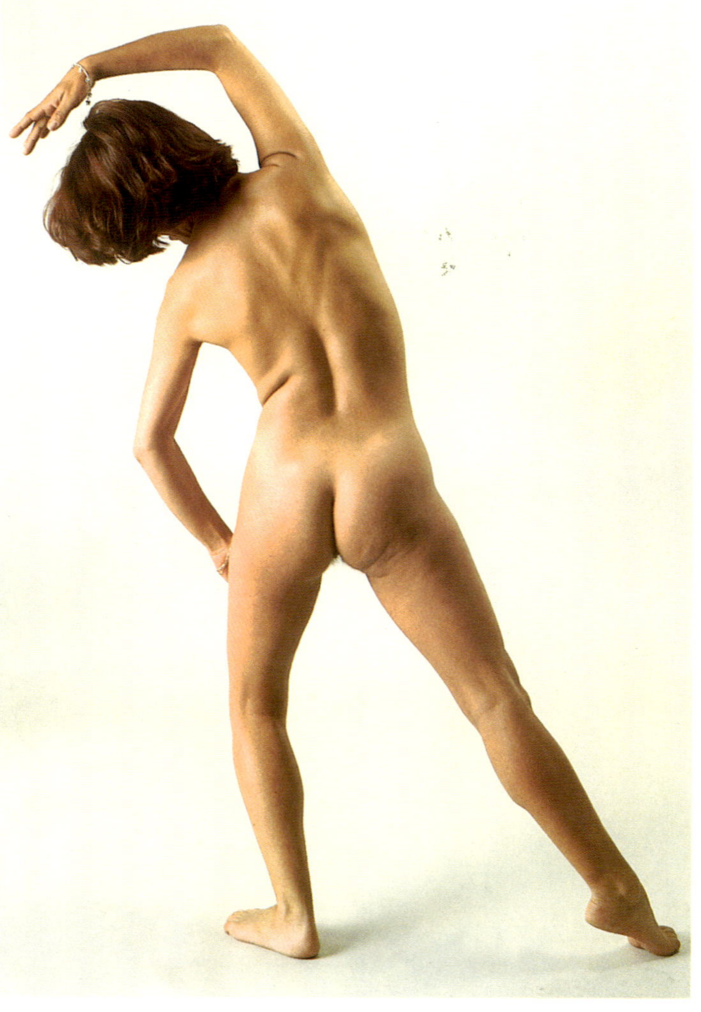

Die Merkmale dieser Bewegung sind erheblich ausgeprägter als bei den vorigen Übungen. Die weibliche Gestalt wird von hinten gesehen und beugt den Oberkörper seitlich. Dazu stützt sie sich auf das linke Bein, während das rechte beinahe abhebt, aber gespannt bleibt. Die starke Seitenbeuge zieht automatisch die der Schultern und der Arme nach. Dies muß man bedenken, bevor man zu zeichnen beginnt. Das heißt: Man muß die Pose aufmerksam studieren, sie sich im Geist vorstellen und versuchen, sie mit dem eigenen Körper „nachzuempfinden", um sie wirklich zu verstehen. Diese Technik wenden alle Zeichner an, um eine genaue Vorstellung von den Grundelementen einer menschlichen Geste oder Bewegung zu erhalten.

1 Die Eingangszeichnung löst gleich zu Beginn die Grundprobleme der Pose.

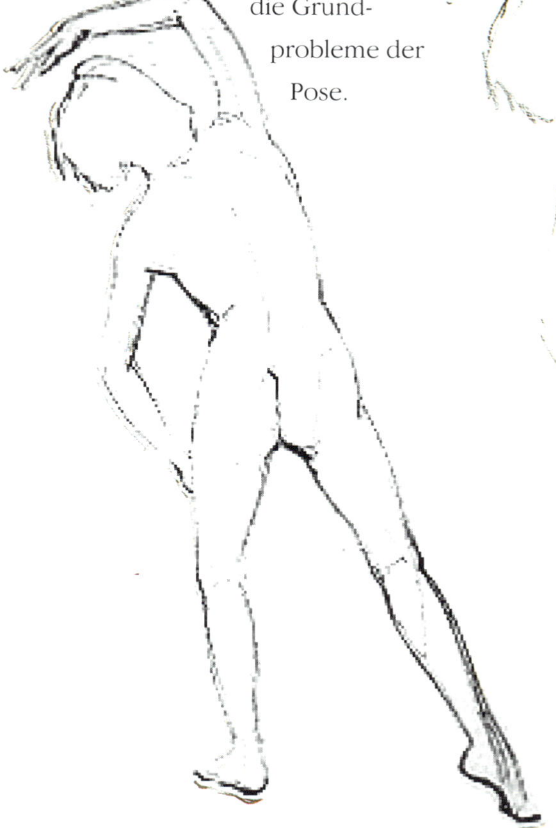

2 Ich schattiere die Umrißzeichnung ein wenig und verwische die Striche, um das Volumen anzudeuten.

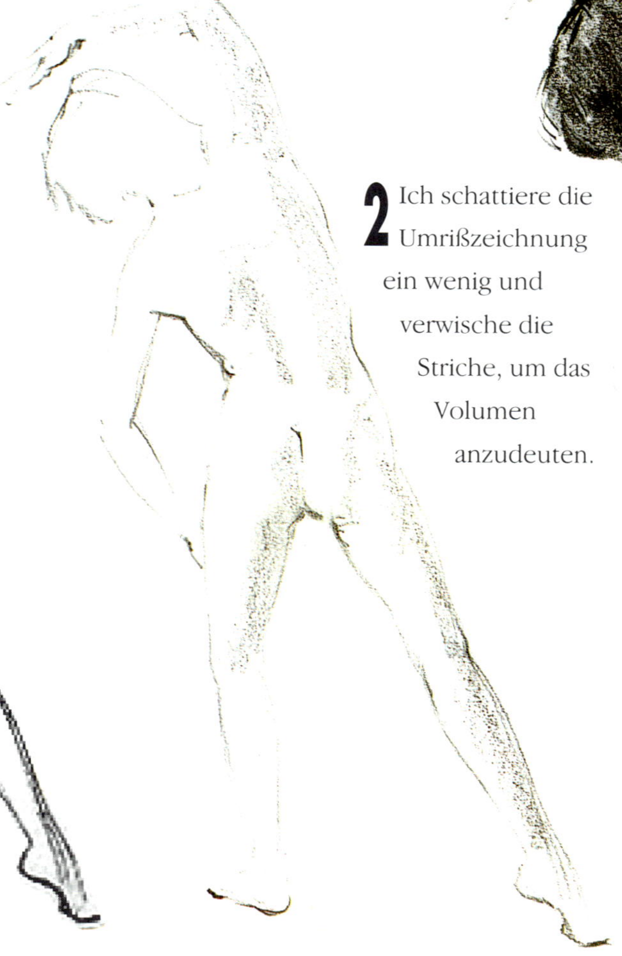

3 Die Verstärkung der Schatten ergibt eine präzise Ausarbeitung der wichtigsten Volumen.

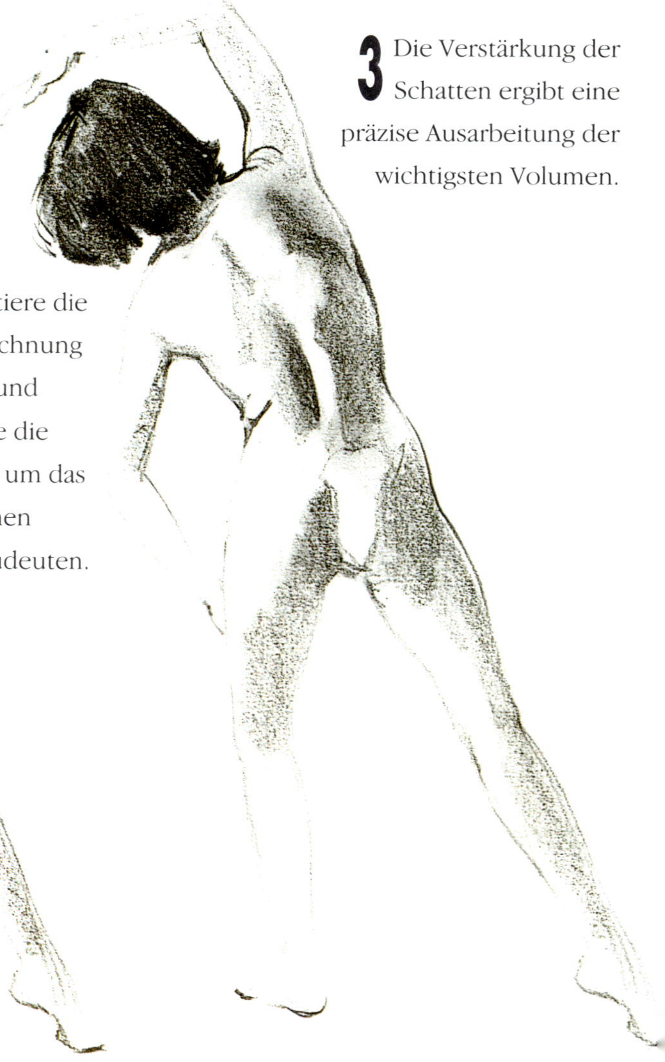

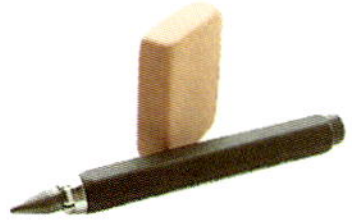

DAS MATERIAL

- Weißes Cansonpapier.
- Weiche Graphitmine im Minenhalter.
- Finger zum Verwischen der Grautöne.
- Radiergummi zum Hervorholen von Weiß.

4 Mit dem Radiergummi habe ich einiges Weiß innerhalb der verwischten Stellen aus dem vorigen Stadium wieder hervorgeholt, um das Relief der Rückenmuskeln zu betonen. Die Intensivierung der Schatten unterstreicht die Spannung der Seite.

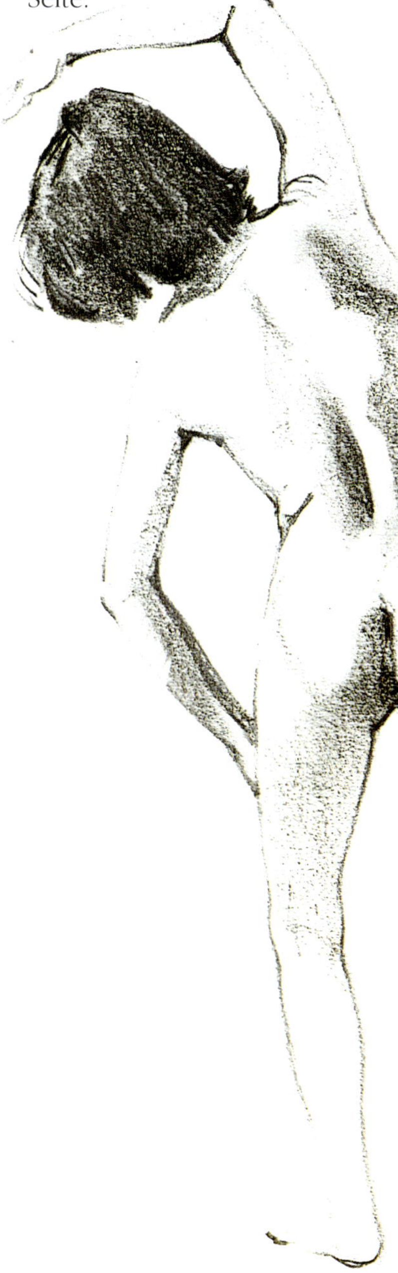

5 Das fertige Ergebnis zeigt die komplexe Ausarbeitung der gesamten Anatomie. Dies geht keinesfalls zu Lasten der Bewegung, die erstaunlich präzise zum Ausdruck kommt.

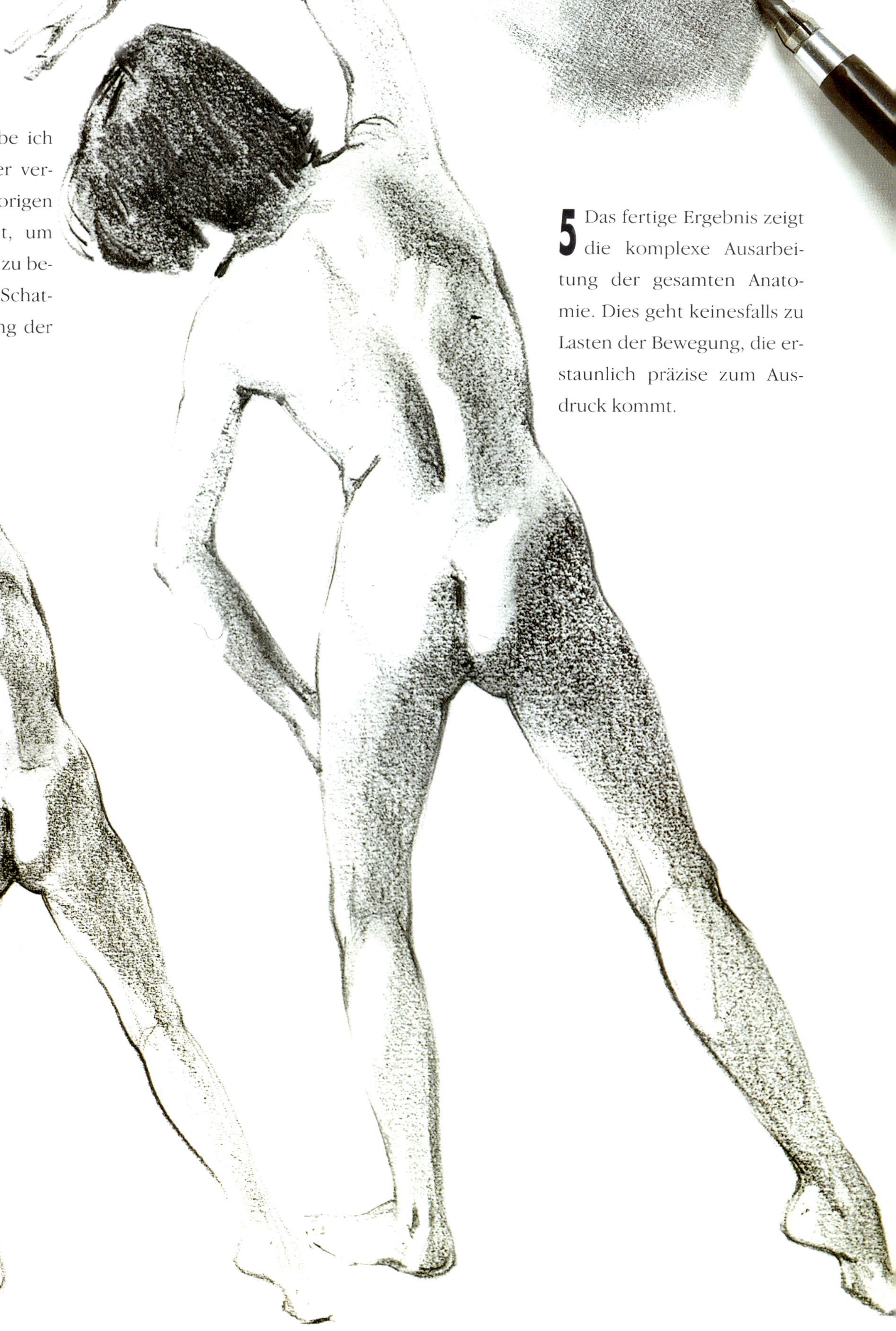

DER RHYTHMUS

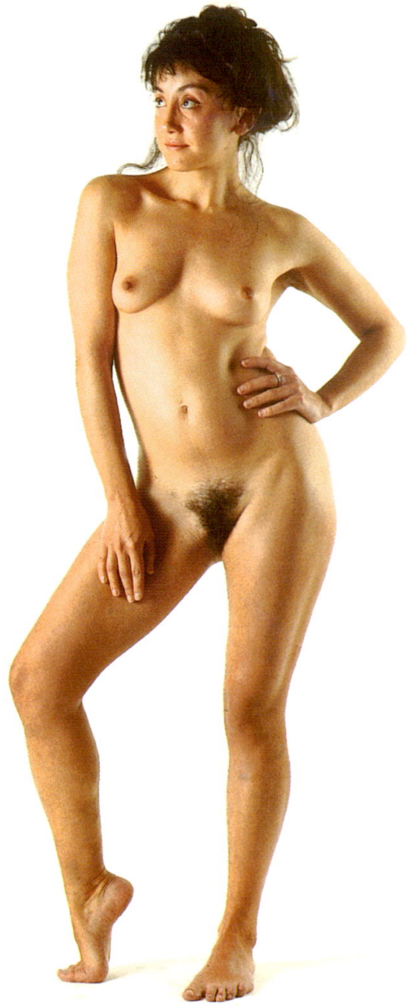

STEHENDER AKT

Der künstlerische Begriff des Rhythmus wurde der Musik entnommen. Wie bei der Musik entsteht der Rhythmus einer Zeichnung aus dem Wechselspiel von Akzenten und Ruhepunkten bzw. neutralen Abschnitten. Die Aufteilung dieser Faktoren entscheidet über die Attraktivität eines Rhythmus. Zeichnerische Akzente sind Änderungen innerhalb der Kontinuität: eine Diagonale, die eine Senkrechte schneidet oder umgekehrt, eine Linie, welche die flächige Anlage einer Zeichnung unterbricht etc. Wir kennen Posen mit und ohne Rhythmus. Die rhythmische Pose enthält eine harmonische Dynamik innerhalb des Wechselspiels. Ihr Gegenteil ist die statische Pose mit einer starren Haltung. Unsere erste Übung besteht aus einem weiblichen Akt von vorn mit einem interessanten linearen Rhythmus, der von den Schultern diagonal über den gedrehten Oberkörper zu den Hüften verläuft und sich von dort entgegengesetzt über das Bein fortsetzt, das im Knie einen Winkel bildet.

1 Die grundsätzliche Rhythmik dieser Pose ergibt sich aus der Kurve, die sich an der Gestalt entlangschlängelt und das Gewicht der einzelnen Gliedmaßen unterteilt. Entsprechend dieser Kurve habe ich das Grundschema der Figur angelegt.

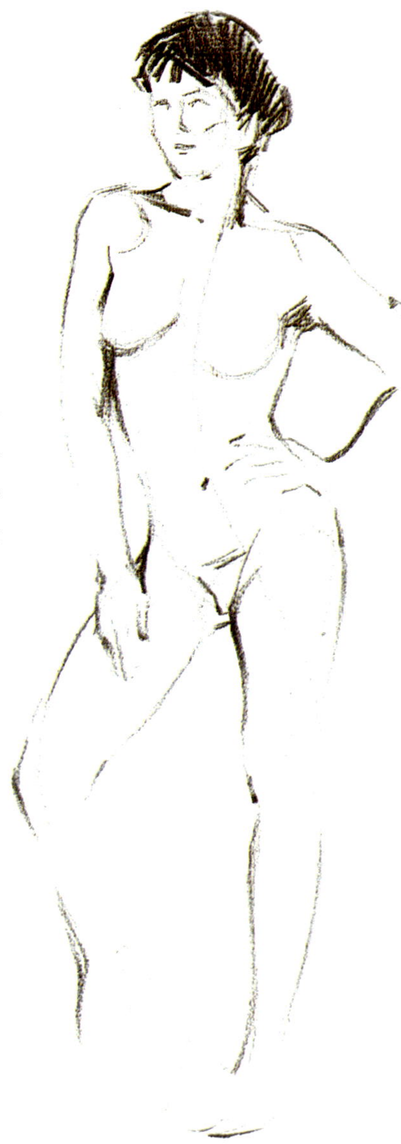

2 Die Kurve ist weiterhin sichtbar. Auf dieser Basis habe ich sowohl die Lage und die Form der Gliedmaßen als auch die Gesichtszüge festgehalten.

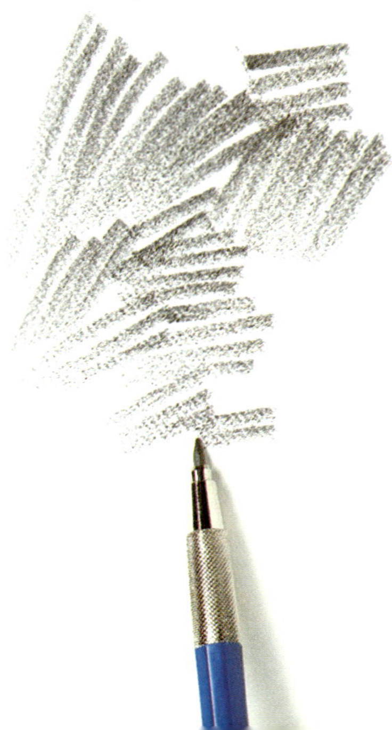

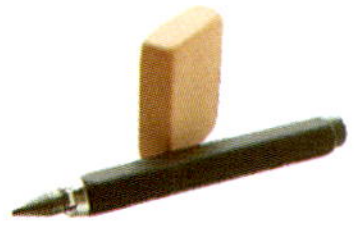

3 Ich lege weitere Details an, ohne zu schattieren, denn bei dieser Übung interessiert mich der Rhythmus, der eher von den Umrissen als von der Ausarbeitung wiedergegeben wird.

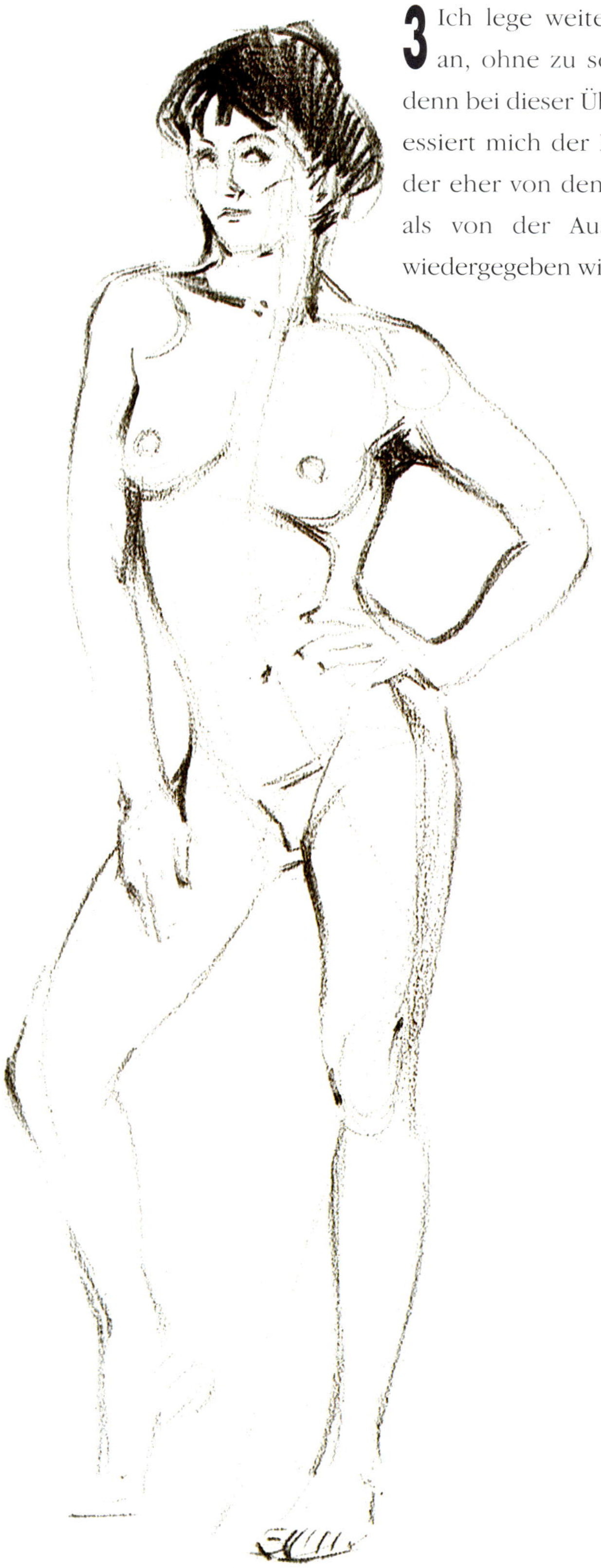

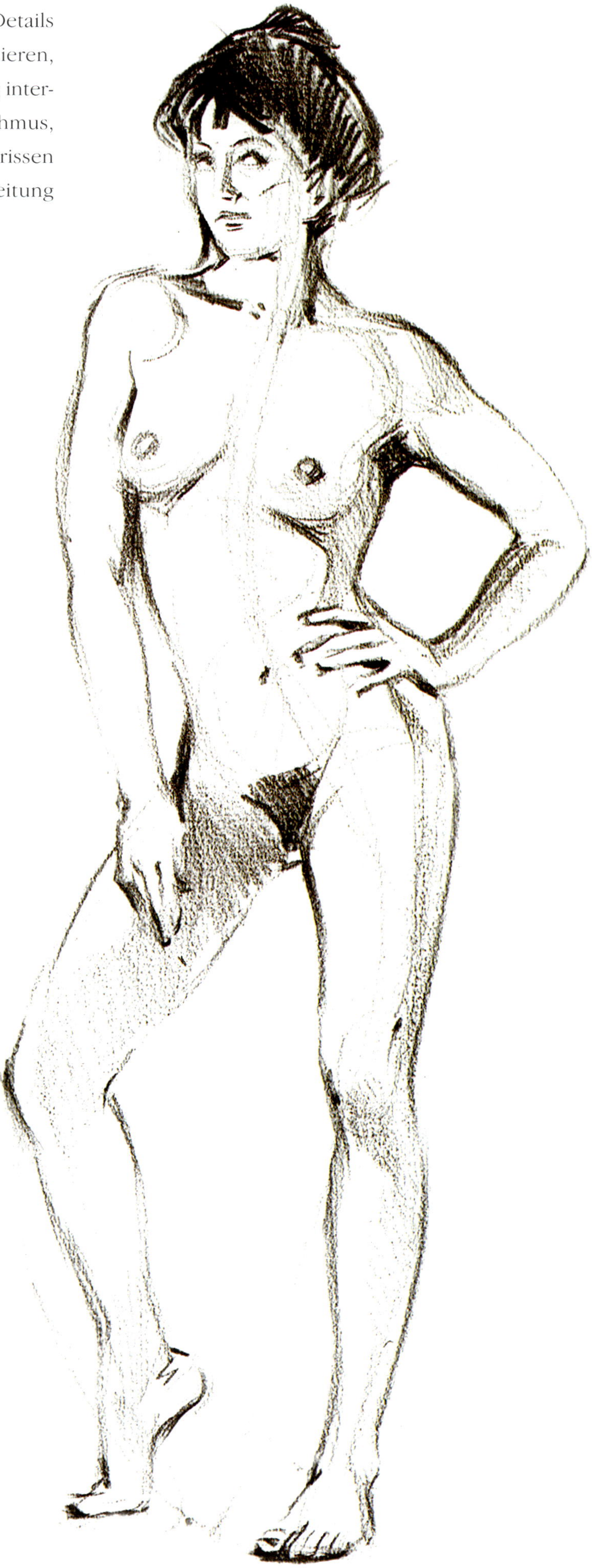

4 Die Gestalt ist fertig. Genauer ausgedrückt, die rhythmische Verteilung der einzelnen Elemente im Verhältnis zur Hauptkurve, aus der sich die Bewegung ergibt, liegt fest.

DAS MATERIAL

- Weißes Cansonpapier.
- Conté-Stift ohne Verwischen.

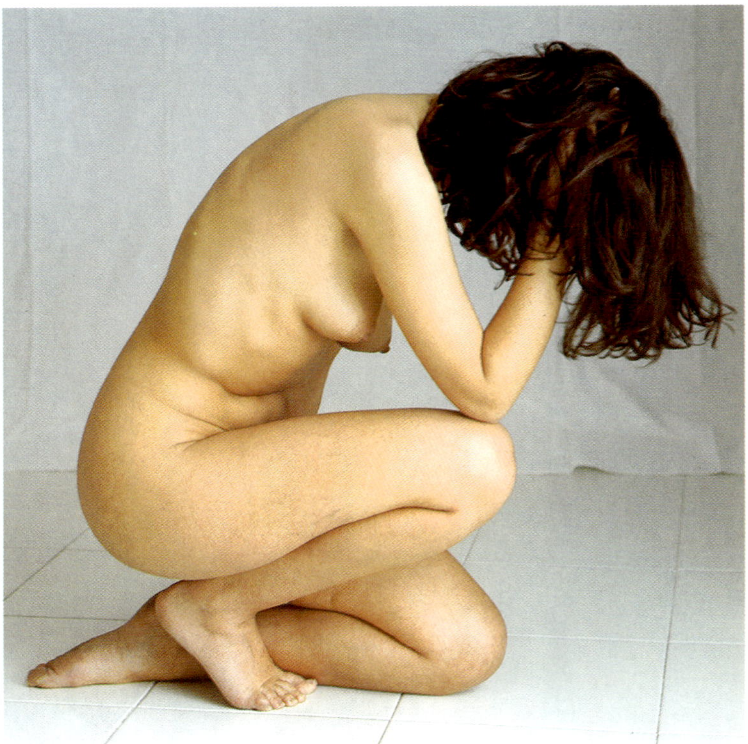

HOCKENDER AKT

Die hier gezeigte Pose ist wegen ihrer rhythmischen Harmonie, die alle Glieder einbezieht, von besonderem Interesse. Die kauernde Gestalt legt eine Darstellung aus sich überlagernden Kurven und Ovalen nahe. Außerdem erinnert sie an eine spiralartige, in sich geschlossene Form. Solche Entsprechungen sollte man vor Beginn der Arbeit unbedingt suchen, weil derartige mentale Assoziationen die Wiedergabe des rhythmischen Charakters einer Gestalt erleichtern. Wie bei der vorigen Übung werde ich mich im wesentlichen auf eine lineare Darstellung beschränken und nur wenige leichte Schatten anlegen.

1 Die Pose legt eine Darstellung aus Ovalen nahe, die spiralförmig abwärtslaufen. Diese strukturelle Idee bestimmt den ganzen Rhythmus der Zeichnung. Ich zeichne die Linien von Anfang an in den korrekten Proportionen und werde alle Teile der Gestalt darauf aufbauen.

2 An dieser Abbildung ist deutlich zu erkennen, wie man die Zeichnung anhand eines abstrakten Eingangsschemas aufbaut. Die anschließenden Linien schaden diesem Schema nicht, sondern bereichern es.

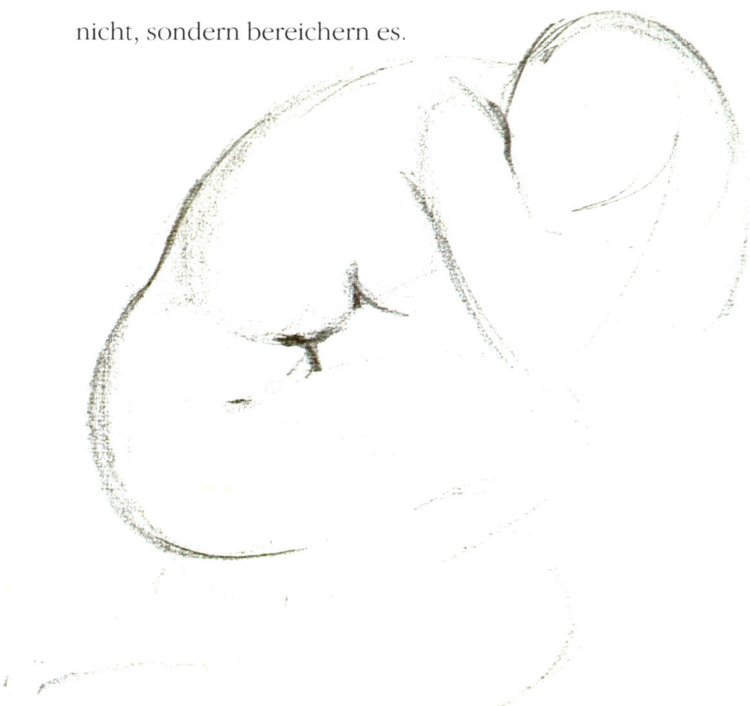

3 Ich setze die Darstellung der Umrisse fort und halte mich weiterhin an die Linien des Eingangsschemas. Natürlich müssen einige Veränderungen vorgenommen werden: Das Haar stimmt nicht völlig mit der Kurve überein, nimmt sie jedoch als Grundlage.

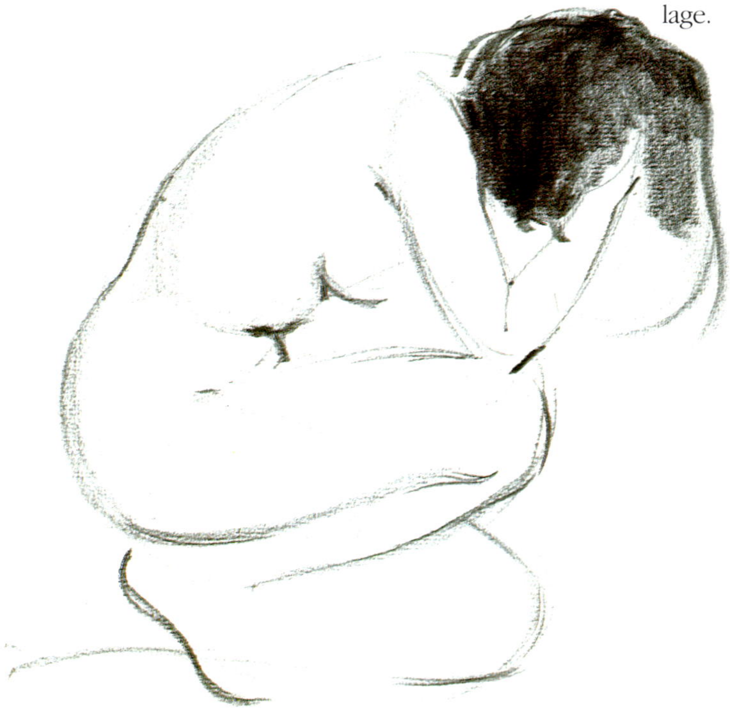

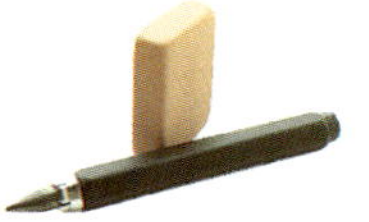

DAS MATERIAL

- Weiche Graphitmine im Minenhalter.
- Ingres-Büttenpapier.

4 Der Schatten des halb verdeckten Arms verleiht der Zeichnung die dritte Dimension. Bisher war die Darstellung völlig flach und linear. Das Volumen wurde einzig durch die Kurven der Anatomie angedeutet. Zum Abschluß werde ich einige Stellen schattieren und ausarbeiten.

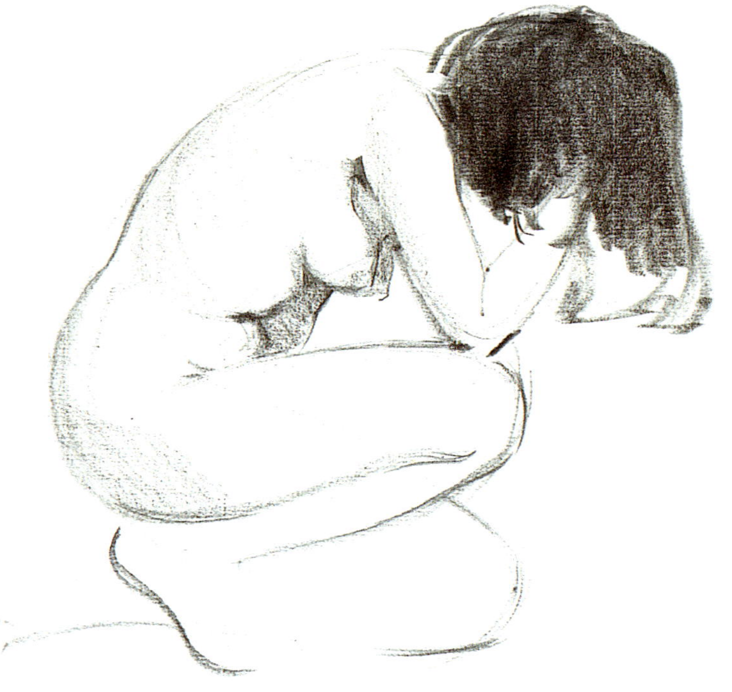

VORSKIZZEN

Vorskizzen sind beim Figurenzeichnen immer eine große Hilfe. Das ist vor allem der Fall, wenn das Hauptinteresse der rhythmischen Darstellung der Gestalt gilt. Wie wir gesehen haben, beginnt der Rhythmus mit einem „abstrakten" Verfahren und entwickelt sich langsam zu der endgültigen Zeichnung.

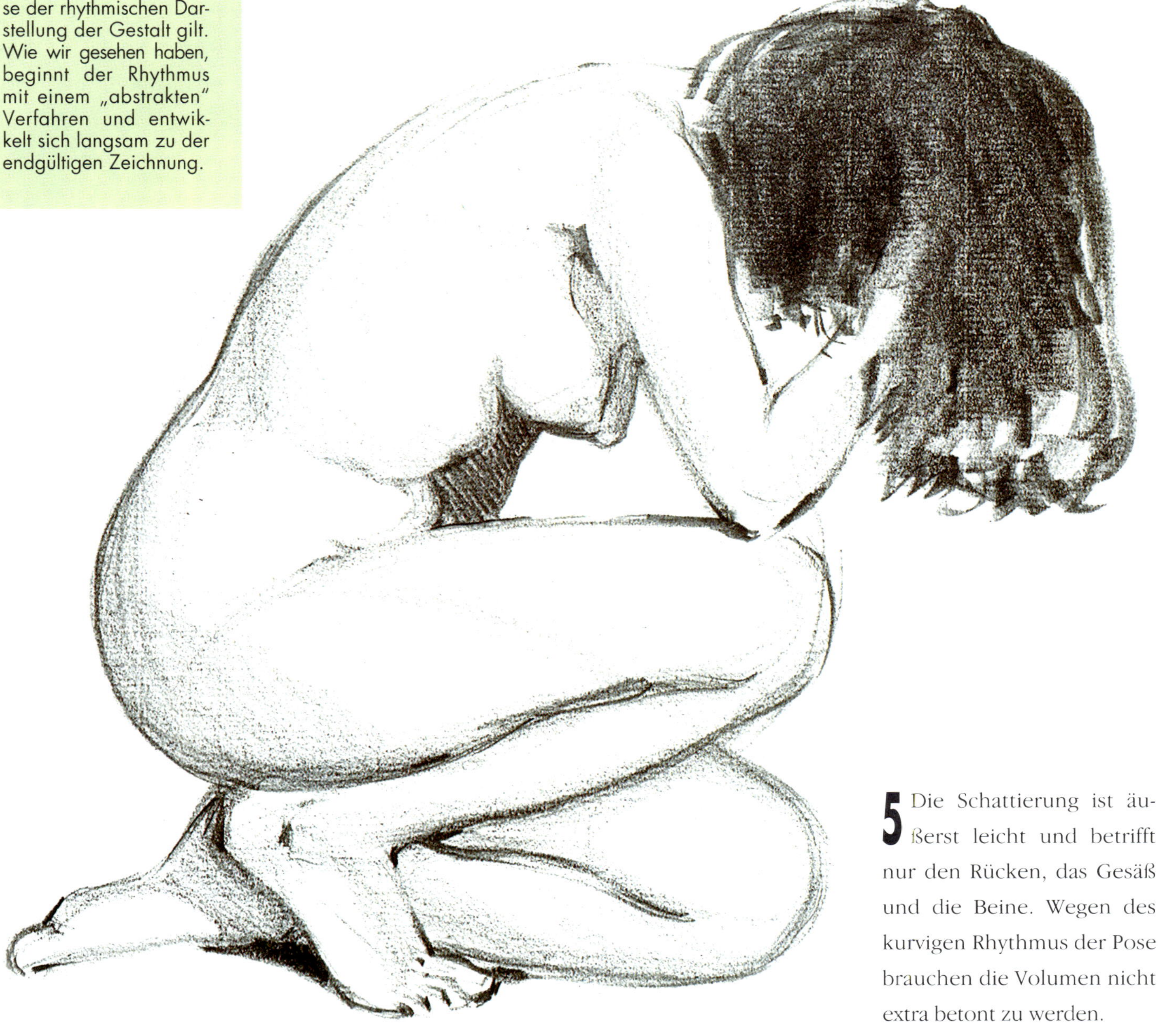

5 Die Schattierung ist äußerst leicht und betrifft nur den Rücken, das Gesäß und die Beine. Wegen des kurvigen Rhythmus der Pose brauchen die Volumen nicht extra betont zu werden.

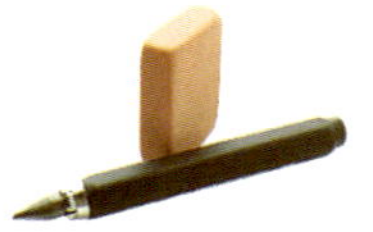

RÜCKENANSICHT EINES AKTS

Der Rhythmus dieser Gestalt ist etwas komplexer als bei den vorigen Übungen. Die Bewegung ist weniger geschlossen und erheblich stärker ausgeprägt. Das heißt, sie enthält eine Vielfalt an entscheidenden Richtungen. Dies erkennt man insbesondere an der Drehung des Oberkörpers, die vom Kopf aufgenommen und betont wird. Die Schultern verlagern sich zur Gegenseite der Hüften. Und nicht nur das. Sie wenden sich auch dem Betrachter zu, während die Hüften sich von ihm entfernen. Die Beine sorgen durch die gekreuzte Stellung der Füße für das notwendige Gleichgewicht der Gestalt und nehmen die Richtung der Schultern und der Hüften wieder auf. Die Arme werden in angewinkelter Form leicht gedreht nach vorn gehalten. Insgesamt eine Pose, die man lange studieren muß, bevor man mit der Zeichnung beginnt.

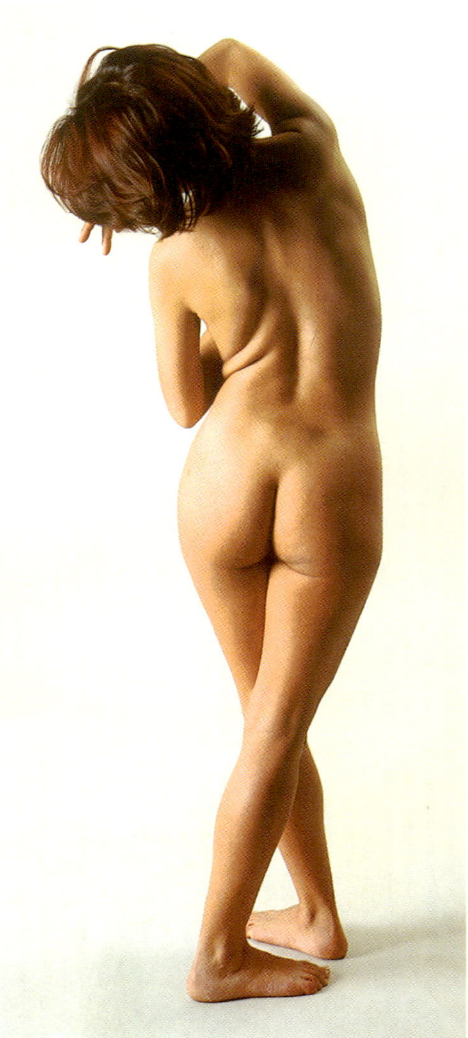

DAS MATERIAL

- Weißes Cansonpapier.
- Zeichenkohle, die für die Grautöne verwischt wird.
- Knetbarer Radiergummi.

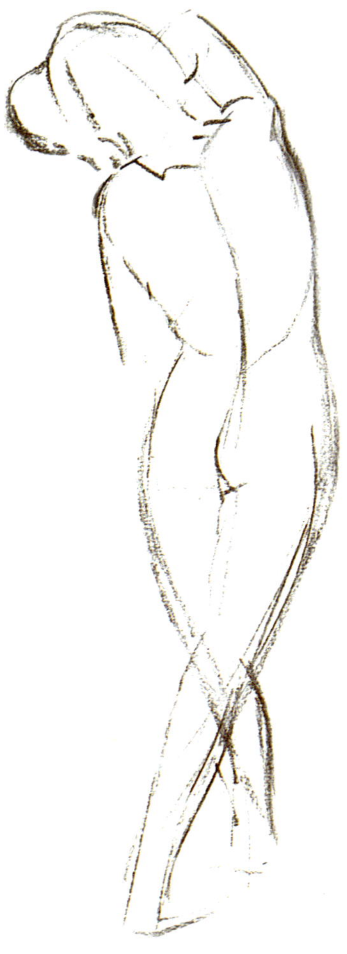

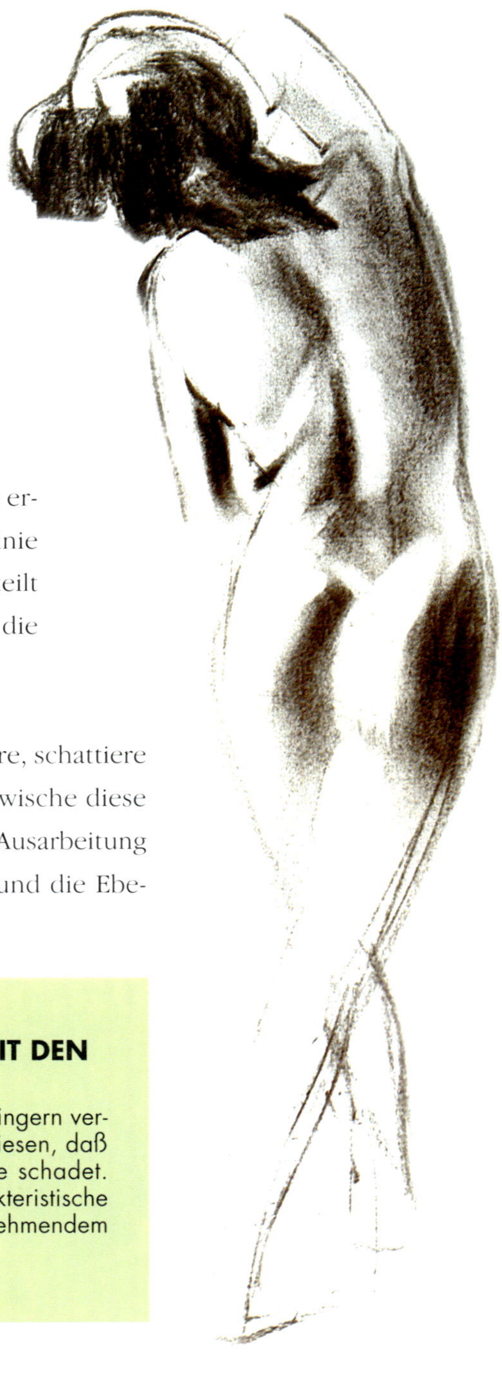

1 Das Grundschema der Gestalt erinnert an die erste Übung dieses Kapitels. Eine gekrümmte Linie zieht sich vom Kopf bis zu den Füßen und unterteilt die Massen. Anhand dieser Linie verteile ich die Gliedmaßen der Gestalt.

2 Bevor ich die Umrisse stärker präzisiere, schattiere ich die Zeichnung mit Kohle und verwische diese anschließend mit den Fingern. Die erste Ausarbeitung unterstreicht die Drehung des Rumpfs und die Ebenen für den Rücken und das Gesäß.

VERWISCHEN DER ZEICHENKOHLE MIT DEN FINGERN

Zeichenkohle läßt sich erheblich leichter mit den Fingern verwischen als Graphit. Trotzdem sei darauf hingewiesen, daß übermäßiges Verwischen der Eigenart der Kohle schadet. Bearbeitet man sie zu stark, verliert sie ihre charakteristische Farbe. Außerdem lösen sich die Tonwerte mit zunehmendem Verwischen auf.

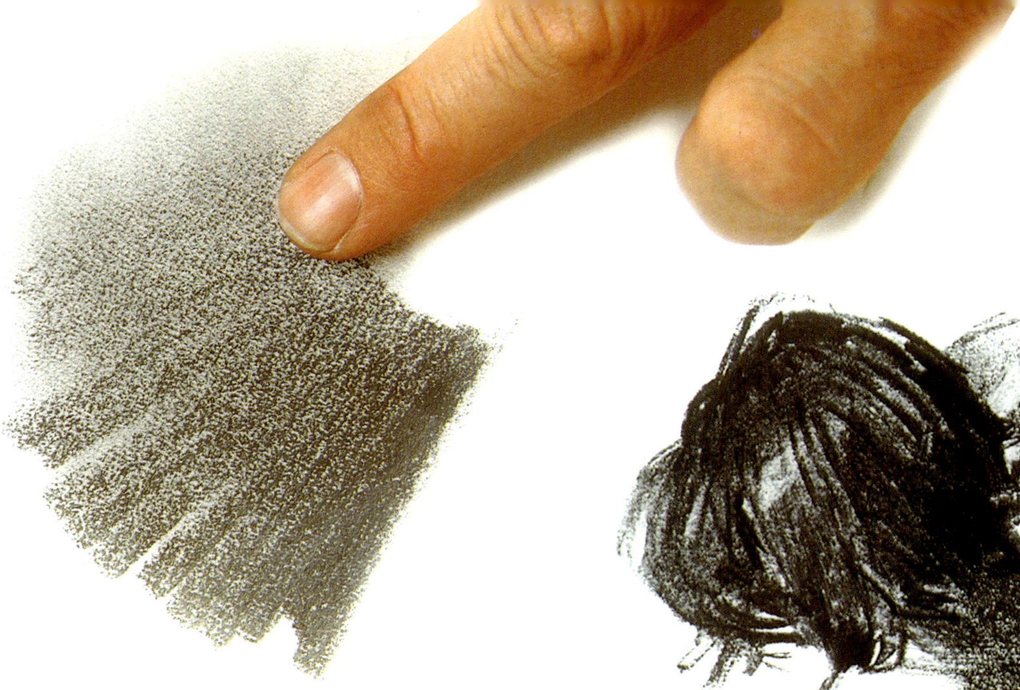

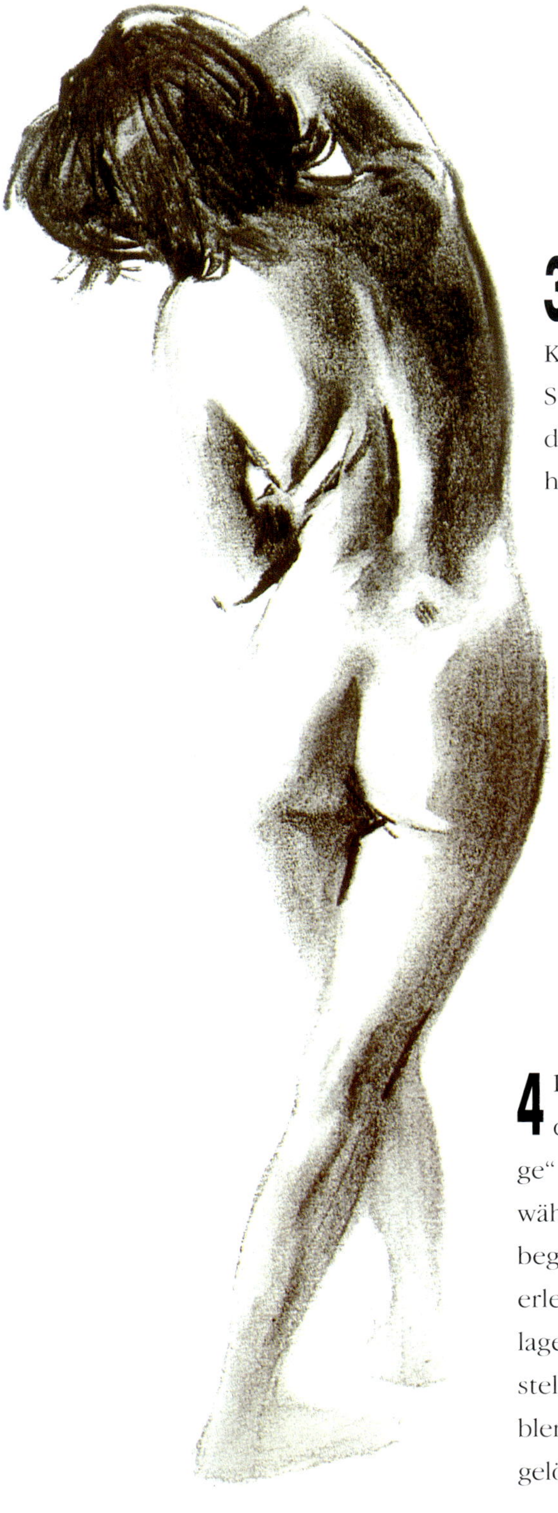

3 Die ersten Verschmelzungen wurden durch weitere Kohlestriche sowie einige helle Stellen ergänzt, die ich mit dem knetbaren Radiergummi hervorgeholt habe.

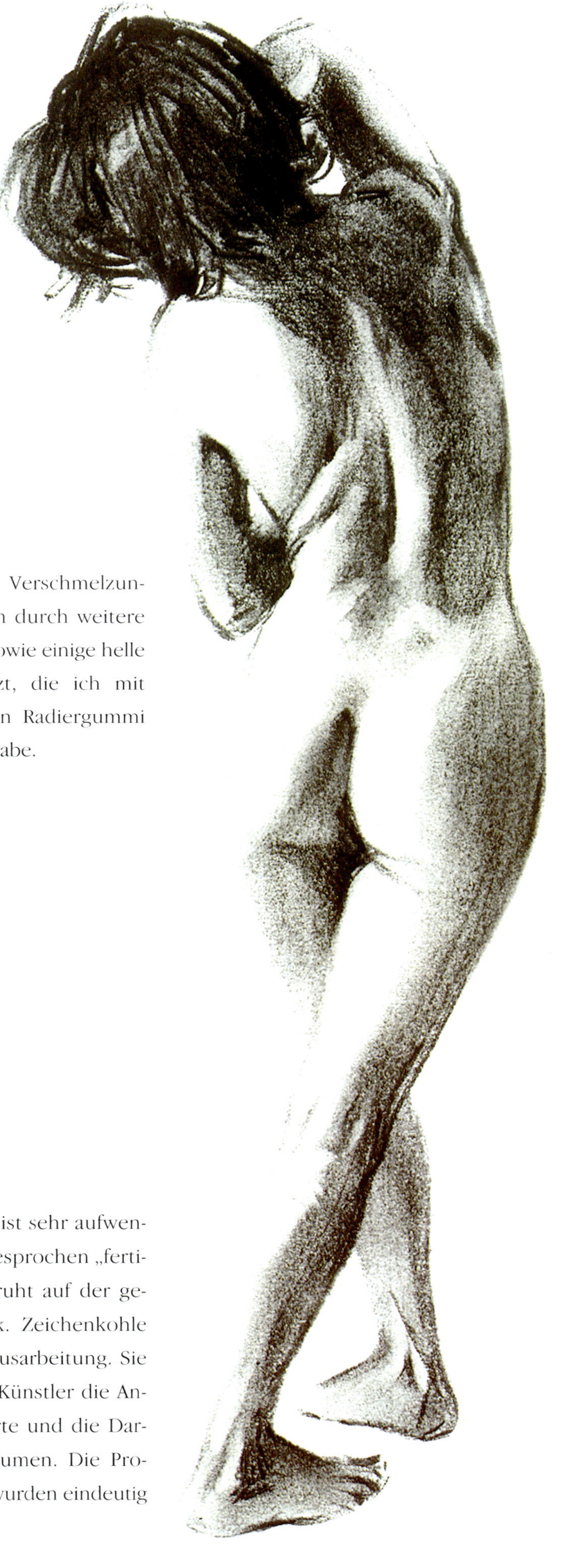

4 Das Ergebnis ist sehr aufwendig. Die ausgesprochen „fertige“ Wirkung beruht auf der gewählten Technik. Zeichenkohle begünstigt die Ausarbeitung. Sie erleichtert dem Künstler die Anlage der Tonwerte und die Darstellung der Volumen. Die Probleme der Pose wurden eindeutig gelöst.

DIE KRAFT

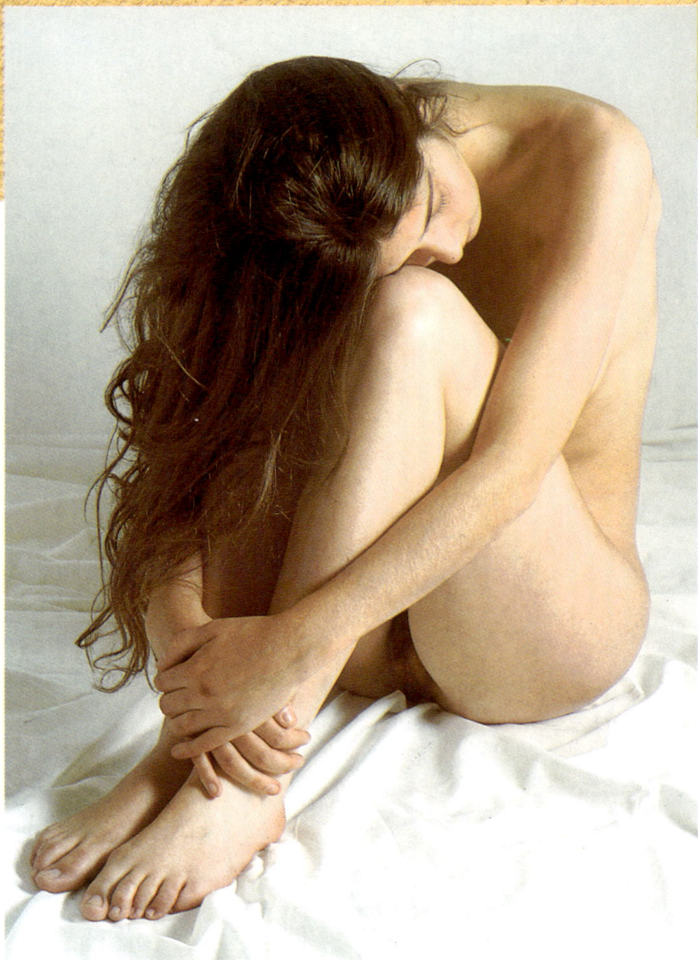

IN SICH RUHENDE GESTALT

Den Begriff der Kraft wollen wir anhand von zwei Varianten untersuchen. Die erste Pose geht von der Kraft des zeichnerischen Mediums und der Darstellungsweise des Werkes aus. Ein so elementares Medium wie die Zeichenkohle benötigt keine sonderlichen Feinheiten, um seine bildnerische Kraft zu entwickeln. Damit diese Kraft manifest wird, muß man direkt zeichnen, die Qualität der Striche und Flecken einsetzen, den Kontrast von Schwarz und Weiß unterstreichen und die Struktur des Papiers nutzen, damit auch die mittleren Grautöne gut zur Geltung kommen. Dies gelingt nur, wenn man sich an die Eigenart der Kohle und die Qualität ihrer Farbe und ihres Strichs hält. Das werden wir anschließend in der Praxis sehen.

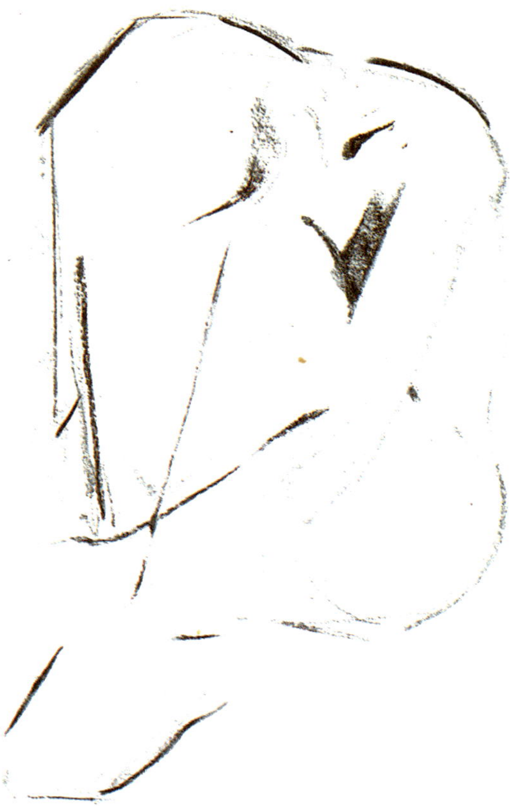

1 Die erste Annäherung an die Form muß so energisch wie möglich erfolgen, denn die Kraft verliert im Verlauf der weiteren Arbeit unvermeidlich etwas von ihrer Intensität.

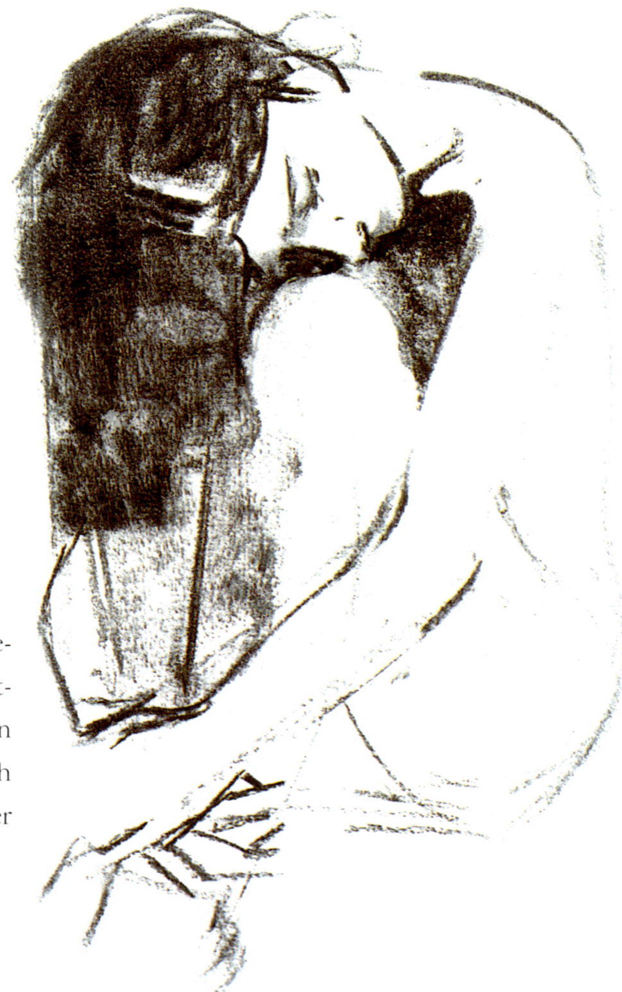

2 Nach dem Eingangsschema lege ich die Hauptschatten mit dem flachen Kohlestäbchen an. Je nach Druck erhalte ich mehr oder weniger intensives Grau.

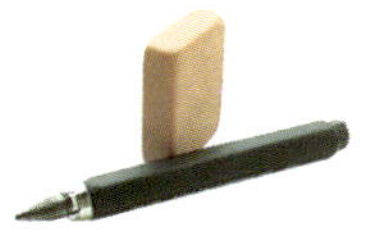

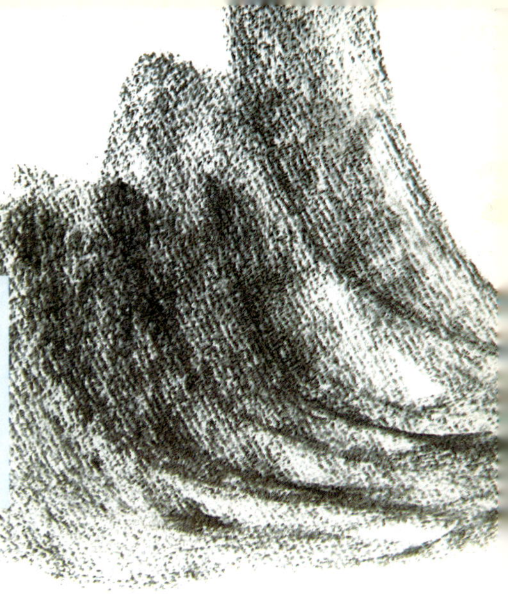

DAS MATERIAL

- Ingres-Büttenpapier.
- Zeichenkohle ohne Verwischen.

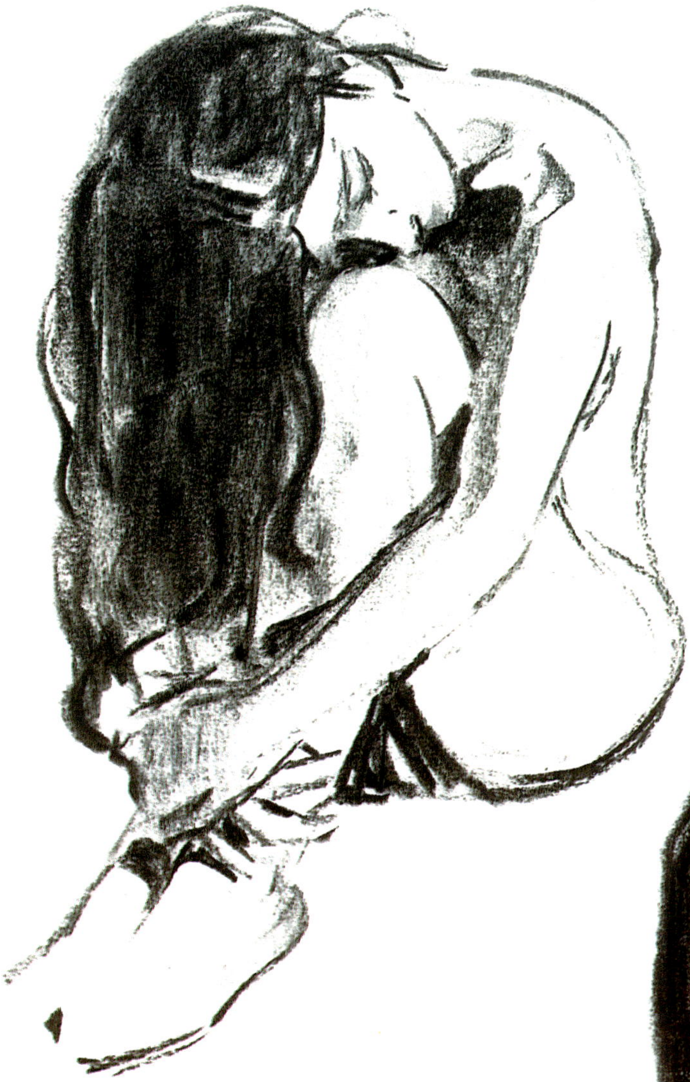

3 Auf den dunklen Fleck für das Haar lege ich sehr dichte wellige Linien. Diese dürfen nicht verwischt werden, denn sie ergeben die Form und das Volumen der Frisur.

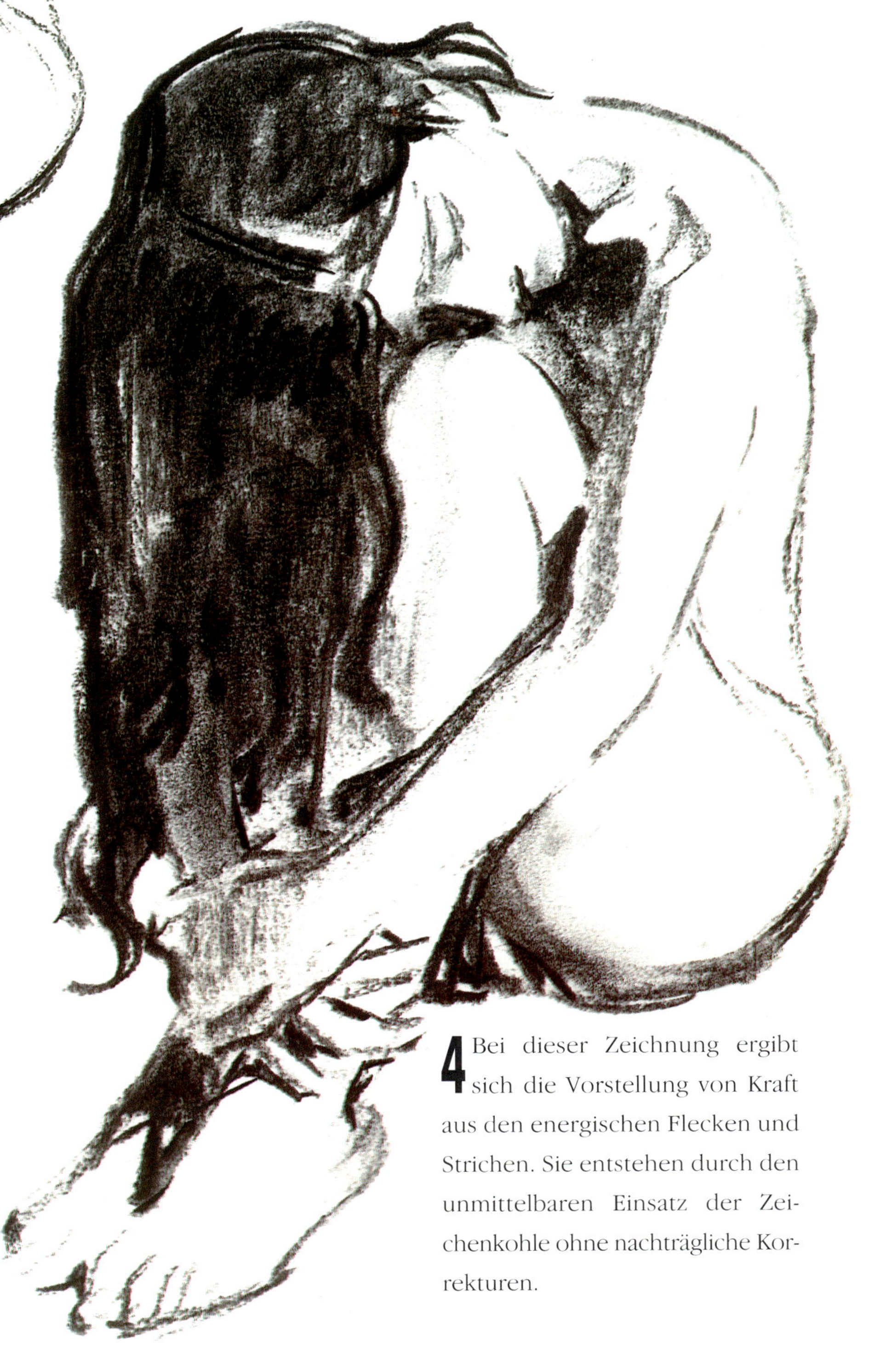

DIE ARBEIT MIT ZEICHENKOHLE

Für diese Übung verwende ich die Zeichenkohle unmittelbar, also ohne sie zu verwischen. Für die Grautöne wird das Stäbchen je nach gewünschter Intensität mehr oder weniger druckvoll flach über das Papier geführt. Das Papierkorn wird sichtbar und verleiht den Grautönen zusätzliche Qualität.

4 Bei dieser Zeichnung ergibt sich die Vorstellung von Kraft aus den energischen Flecken und Strichen. Sie entstehen durch den unmittelbaren Einsatz der Zeichenkohle ohne nachträgliche Korrekturen.

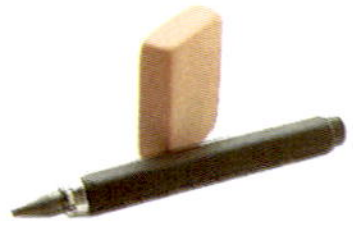

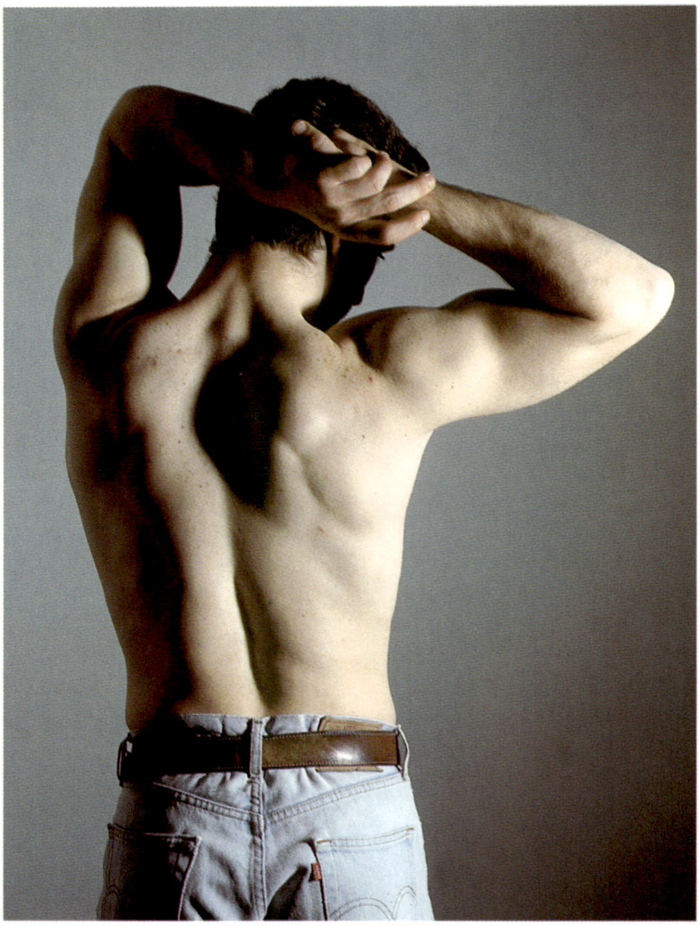

KÖRPERLICHE KRAFT

Die Vorstellung von Kraft in ihrer offenkundigsten Form: die Körperkraft. Für diese Darstellung wählen wir die Rückenansicht eines männlichen Torsos in einer Pose, bei der die kräftigen Schultern und Armmuskeln gut zur Geltung kommen. Unser Ziel ist es, den Eindruck jenes Reliefs zu erzeugen, das für zahlreiche akademische Kohlestudien charakteristisch ist. Die Anatomie ist ein Pflichtfach im Rahmen des Kunststudiums, jedoch nicht Thema dieses Buches. Die intuitive Darstellung, die sich aus der Beobachtung des Modells ergibt, reicht für die korrekte Ausführung völlig aus. Das Eingangsschema ist ebenso wichtig wie bei den vorigen und folgenden Übungen. Das Interessante an dieser Zeichnung ist die Ausarbeitung der Muskelvolumen mit Hilfe zarter Grautöne und Abstufungen. Als Anhaltspunkt dient die Vertiefung der Wirbelsäule, zu deren beiden Seiten sich die Volumen verteilen, die dieser Pose zusammen mit den Oberarmen den Eindruck von körperlicher Kraft verleihen.

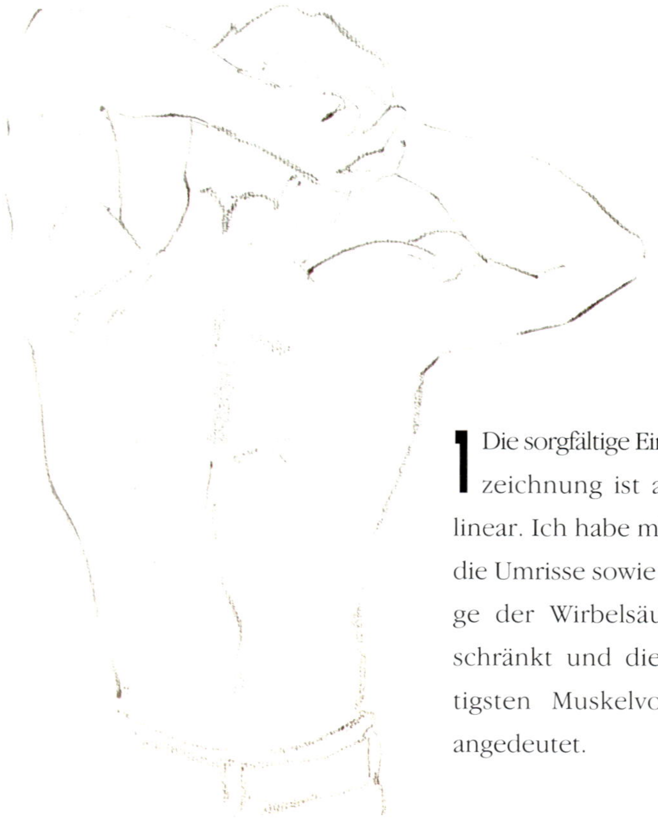

1 Die sorgfältige Eingangszeichnung ist absolut linear. Ich habe mich auf die Umrisse sowie die Lage der Wirbelsäule beschränkt und die wichtigsten Muskelvolumen angedeutet.

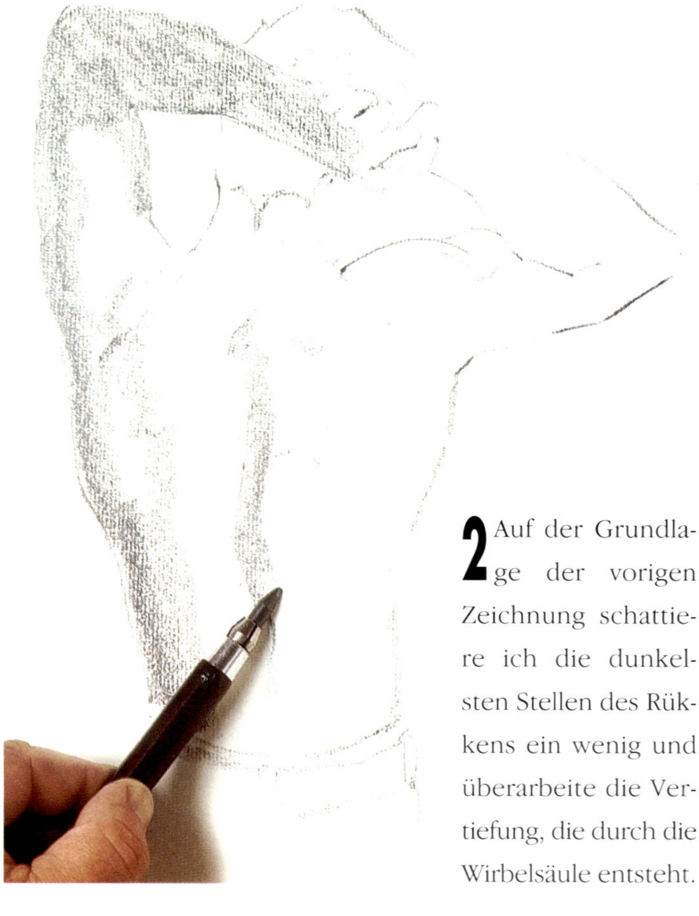

2 Auf der Grundlage der vorigen Zeichnung schattiere ich die dunkelsten Stellen des Rükkens ein wenig und überarbeite die Vertiefung, die durch die Wirbelsäule entsteht.

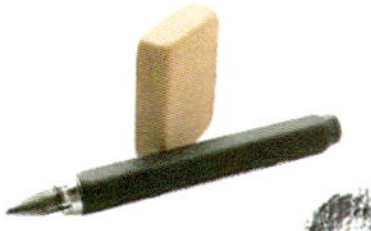

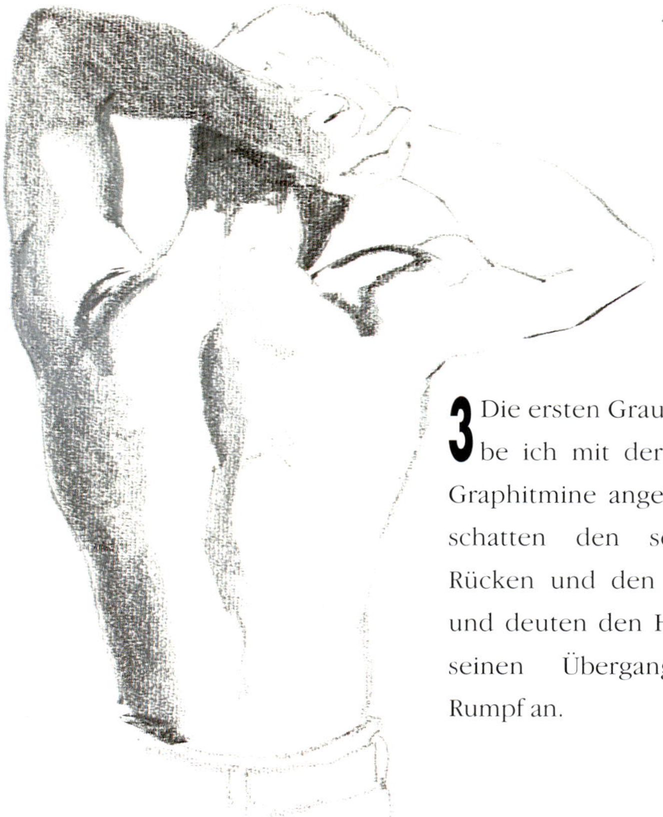

3 Die ersten Grautöne habe ich mit der flachen Graphitmine angelegt. Sie schatten den seitlichen Rücken und den Arm ab und deuten den Hals und seinen Übergang zum Rumpf an.

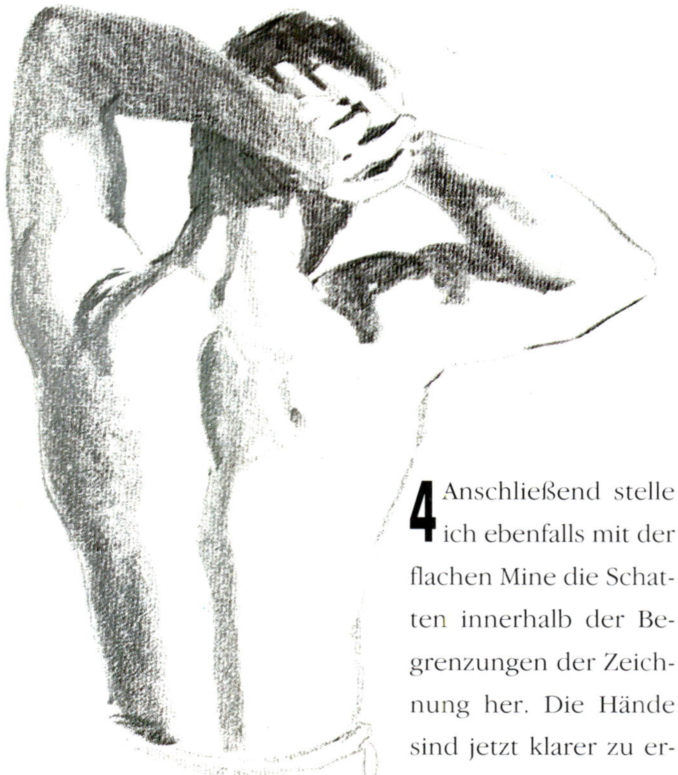

4 Anschließend stelle ich ebenfalls mit der flachen Mine die Schatten innerhalb der Begrenzungen der Zeichnung her. Die Hände sind jetzt klarer zu erkennen, und die gesamte Muskulatur des Rückens ist bereits zu ahnen.

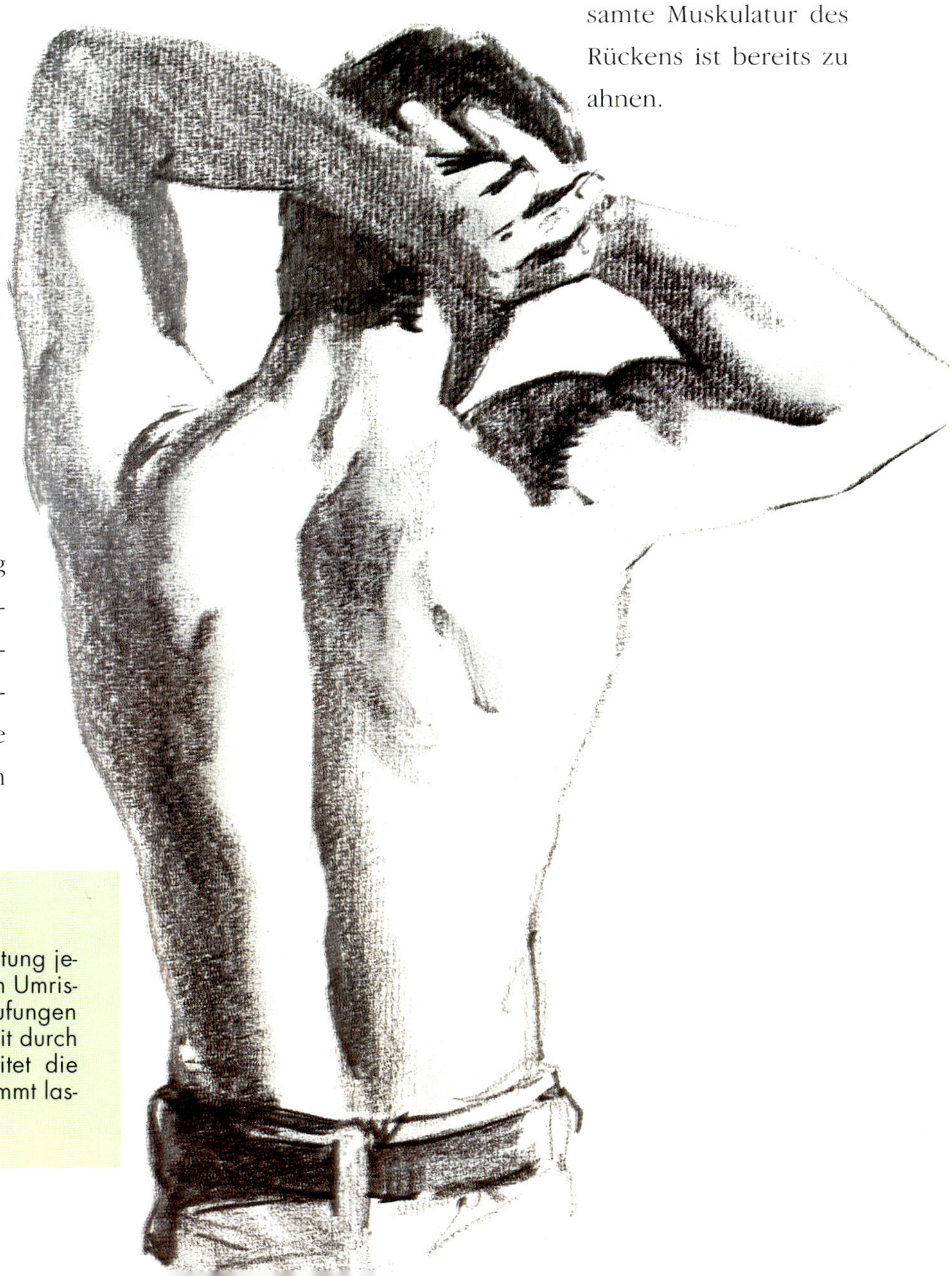

DAS MATERIAL

- Ingres-Büttenpapier.
- Sehr weiche Graphitmine im Minenhalter. Das Schattieren und Verwischen erfolgt mit den Fingern.
- Knetbarer Radiergummi.

5 In der fertigen Zeichnung erkennt man die Wirkung des an den Armen und Beinen verwischten Graphits. Begrenzt habe ich die Flächen mit dem knetbaren Radiergummi und die am stärksten beleuchteten Stellen des Rückens wieder hervorgeholt. Die Muskulatur wurde nicht völlig dargestellt, sondern mit Hilfe der wichtigsten Schatten angedeutet.

PROBLEME DER AUSARBEITUNG

Bei einer Zeichnung wie dieser kann die Ausarbeitung jener Volumen Probleme bereiten, die keine präzisen Umrisse aufweisen, sondern sich mit Hilfe weicher Abstufungen voneinander abheben. Man löst diese Schwierigkeit durch aufmerksames Studieren des Modells und arbeitet die Zeichnung nicht zu stark aus. Lieber etwas unbestimmt lassen, als es zu übertreiben.

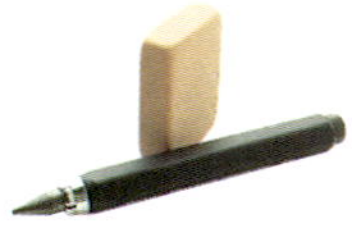

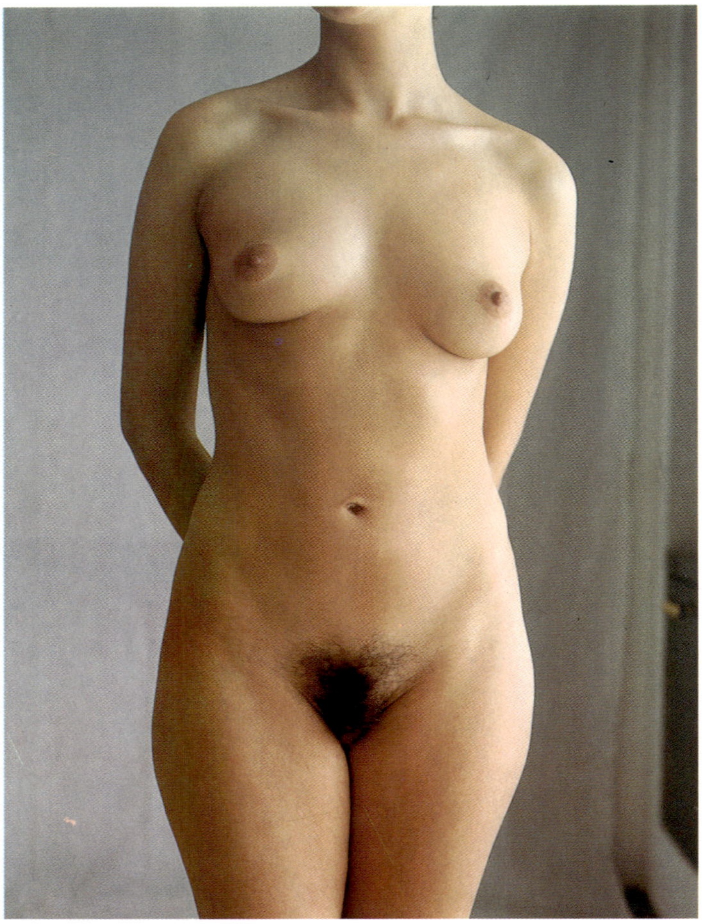

PLASTIZITÄT

Plastizität ist ein grundlegender Faktor der künstlerischen Zeichnung. Dies gilt vor allem für den Akt. Sie ist ein künstlerischer Vorzug, der uns die Formen als schön und wertvoll erkennen läßt. Plastizität erreichen wir mit einer Kombination aus allen Faktoren, die wir bisher untersucht haben: mit der Dynamik der anatomischen Formen, dem Rhythmus aus der guten Verteilung der Volumen und der volumetrischen Kraft, die jede einigermaßen realistische künstlerische Form aufweisen muß. Die harmonische Verbindung dieser Faktoren führt zur Plastizität des Ergebnisses. Um dies zu verdeutlichen, haben wir eines der edelsten Motive der Aktdarstellung gewählt: den weiblichen Körper vom Hals bis zu den Schenkeln. Er erinnert an die griechische Bildhauerei und jene harmonischen Formen, die in zahlreichen ihrer Werke enthalten ist. Damit möchten wir so deutlich wie möglich auf die Notwendigkeit hinweisen, sinnliche, runde Formen darzustellen. Diese Notwendigkeit besteht immer, wenn wir einen Akt zeichnen, insbesondere einen weiblichen Akt.

1 Das Eingangsschema besteht aus schlichten harmonischen, symmetrischen Umrissen. Sie sind einfach gehalten, damit die eigentliche Form durch die Ausarbeitung entstehen kann.

2 Innerhalb der vorigen Umrisse ziehe ich die Linien für die weiteren Volumen: Brüste, Bauch und Schenkel. Diese Linien erleichtern mir das Schattieren, da sie die Begrenzungen für die Hauptmassen angeben.

3 Allgemeines Schattieren durch Reiben mit dem flachen Rötelstäbchen über das Papier. Ich habe den Fleck verwischt, um ihn etwas aufzuhellen, und mit dem Radiergummi Weiß für die Brüste wieder hervorgeholt.

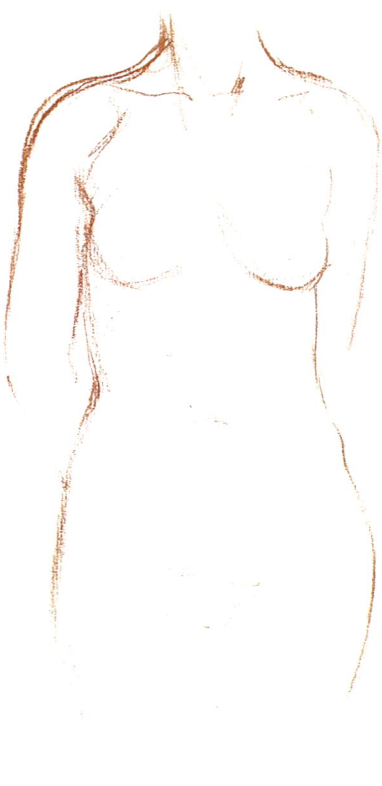

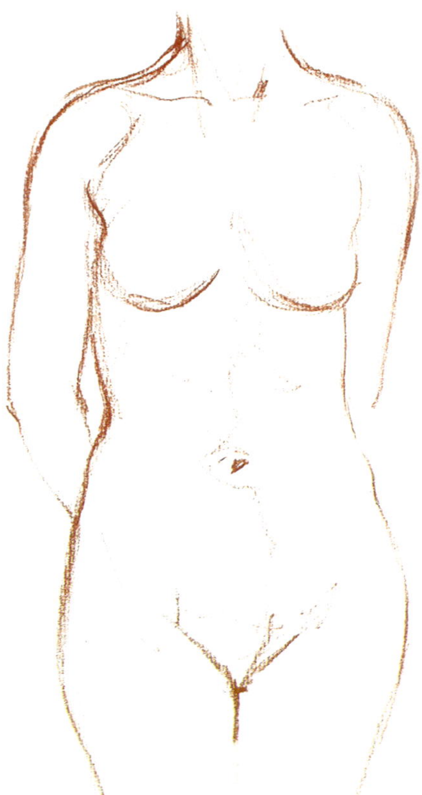

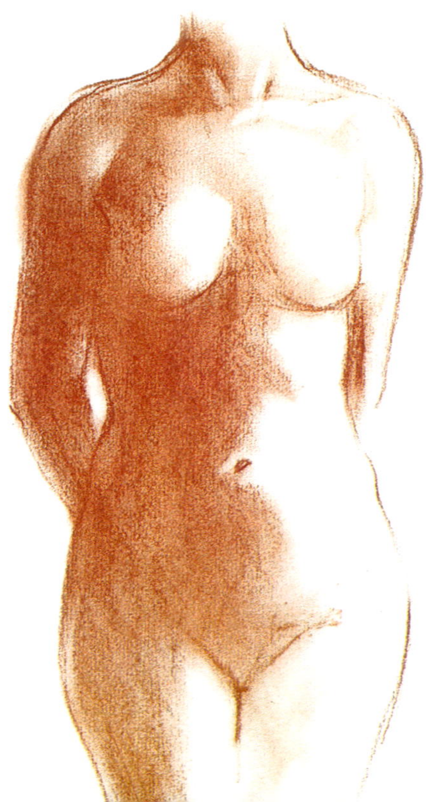

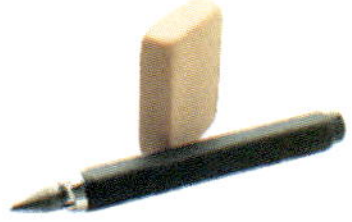

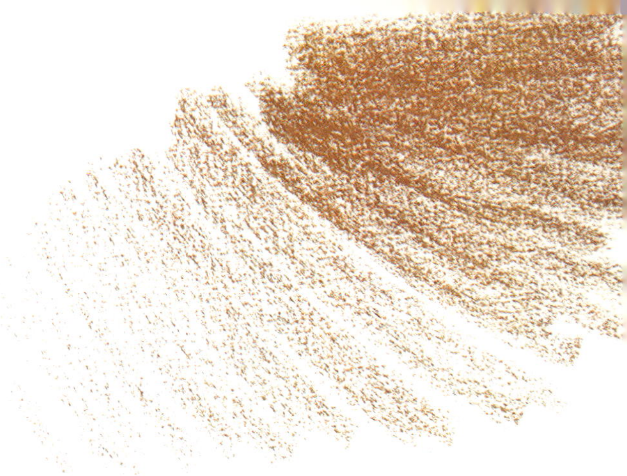

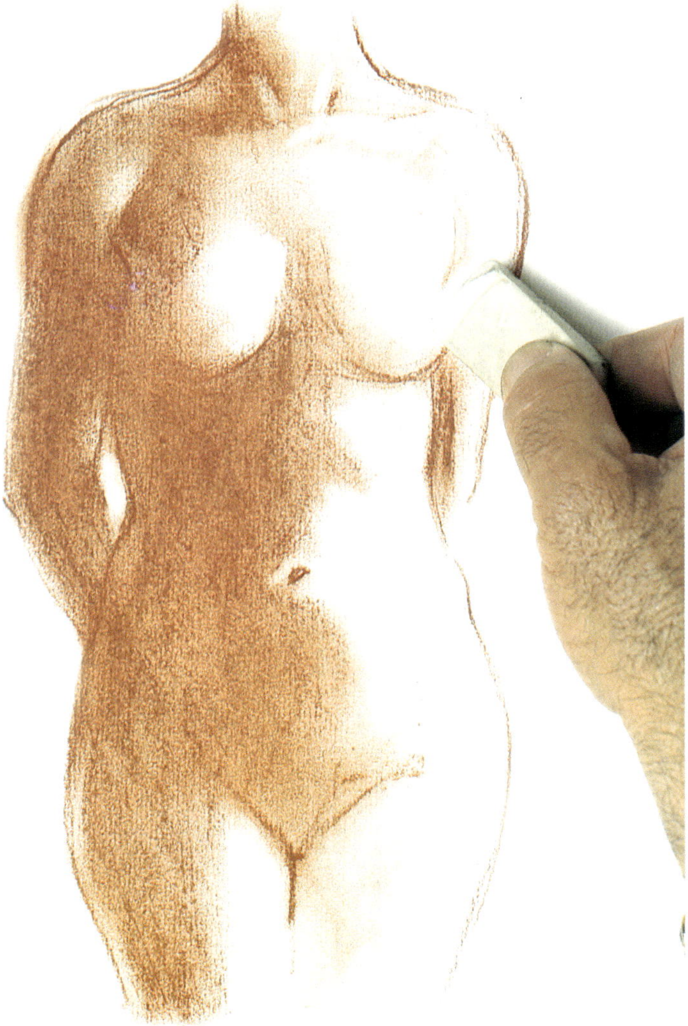

4 Hier erkennt man, wie Weiß innerhalb des leicht verwischten Rötelflecks wieder hervorgeholt wird. Dafür muß das Ende des Radiergummis absolut sauber sein.

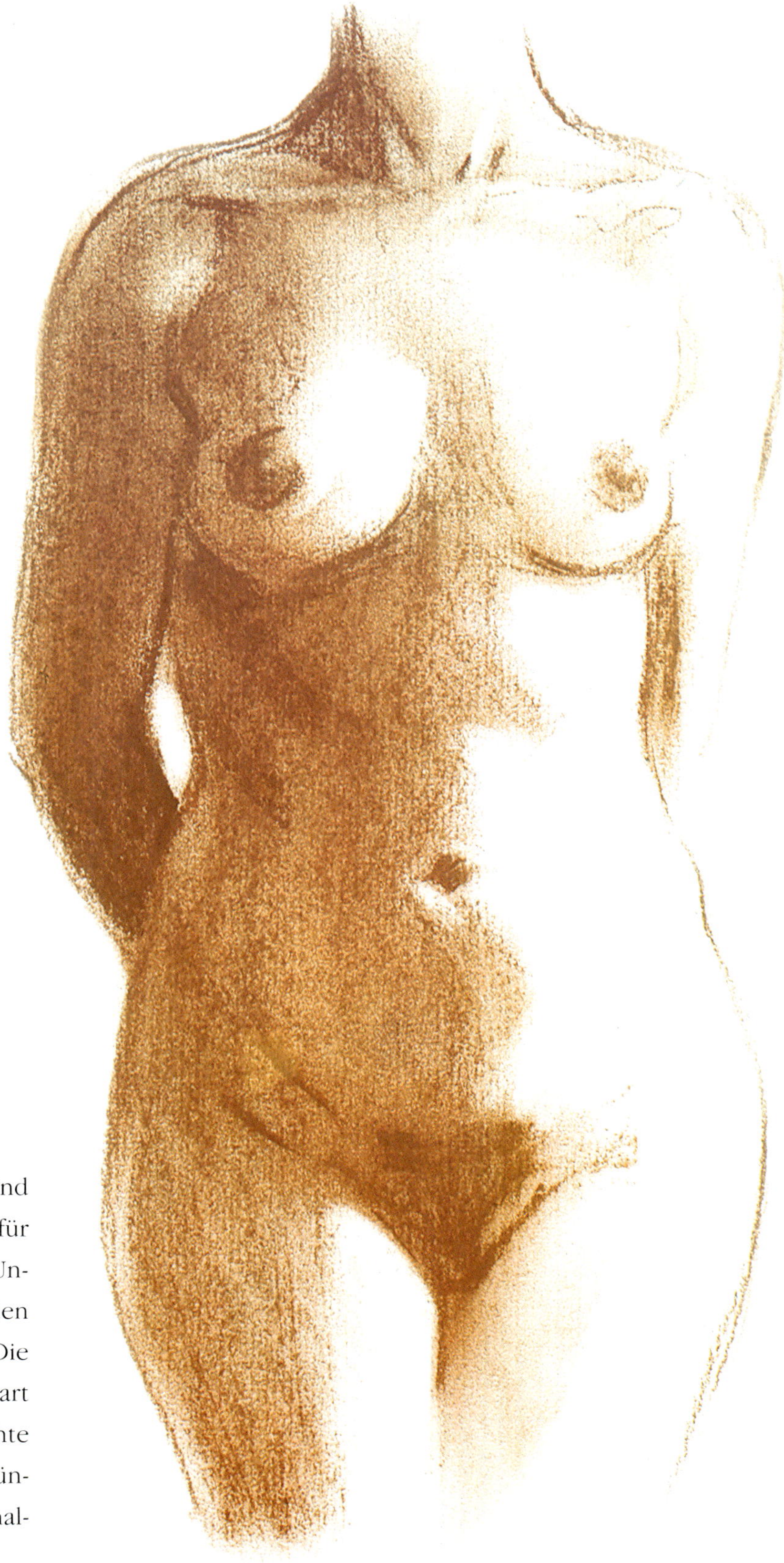

5 In der fertigen Zeichnung sind einige verstärkte Tonwerte für den Schatten des Arms, die Unterseite der Brüste und den Schamberg zu erkennen. Die restliche Gestalt ist sehr zart schattiert, damit der schlichte Gesamteindruck und die gewünschte Plastizität der Form erhalten bleiben.

DAS MATERIAL

- Ingres-Büttenpapier.
- Rötelkreide. Einige Abstufungen entstehen mit den Fingern.
- Weicher Radiergummi zum Hervorholen von Weiß.

VERSCHIEDENE ÜBUNGEN

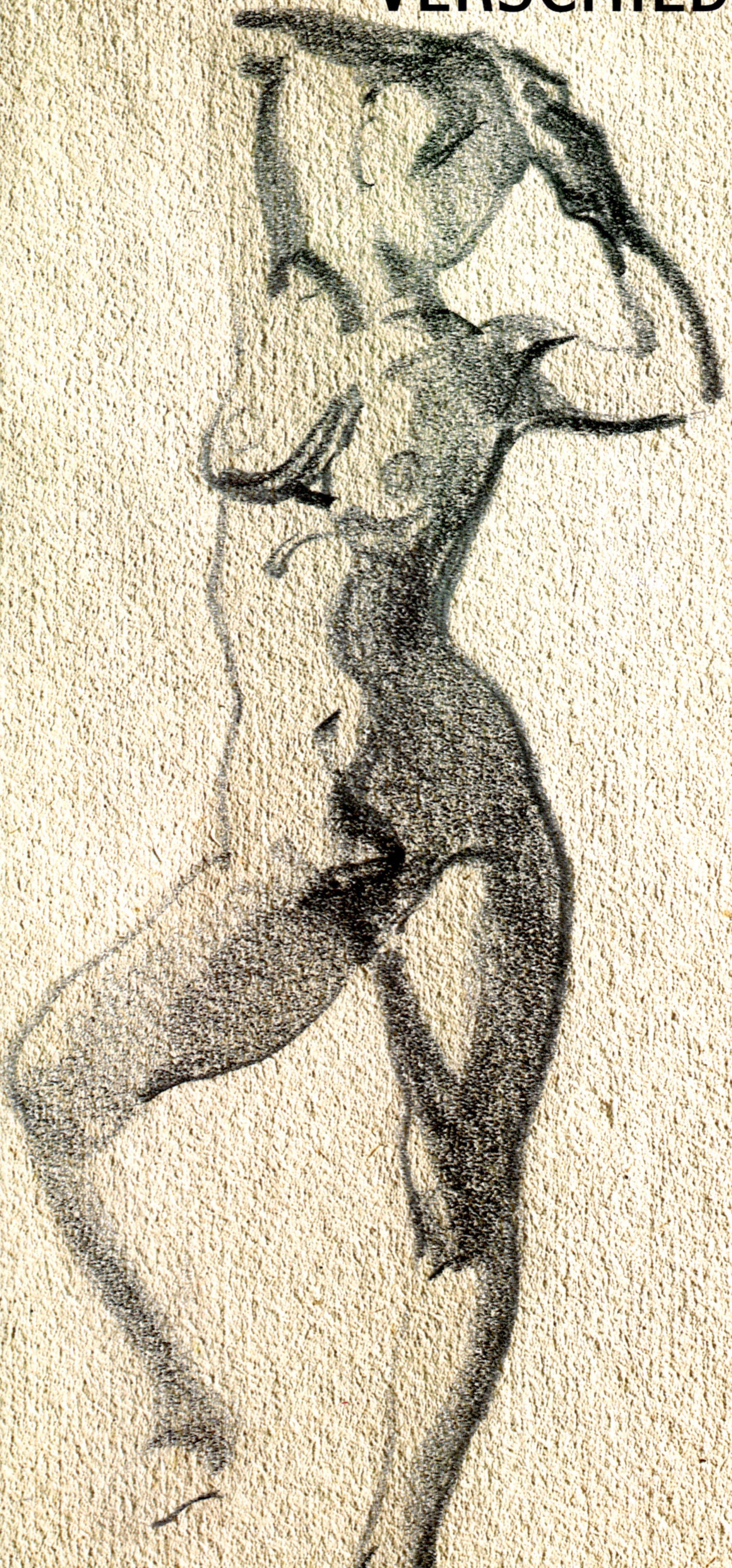

Vorskizzen

Zur Vorbereitung der Übungen, die wir anschließend durchführen wollen, hier einige Skizzen, die als einführende Beispiele von Nutzen sein können. Die Gestalt auf dieser Seite wurde mit einer Graphitmine gezeichnet und weist stark ausgeprägte Schatten ohne komplizierende Details auf. Ich rate Ihnen, sich im Augenblick nicht übermäßig um Genauigkeit zu sorgen. Es handelt sich ausschließlich um „Aufwärmungsübungen". Wir wollen unsere Hand lockern, damit der Stift besser über das Papier gleitet, uns mit dem Material vertraut machen und einige Effekte erproben, die sich mit dem schlichtesten Material erreichen lassen.

DAS MATERIAL

- Weißes Cansonpapier.
- Weiche Graphitmine im Minenhalter.
- Kohlestäbchen.

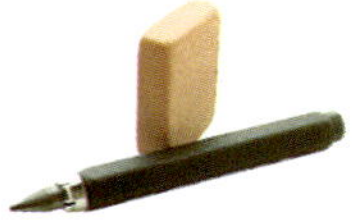

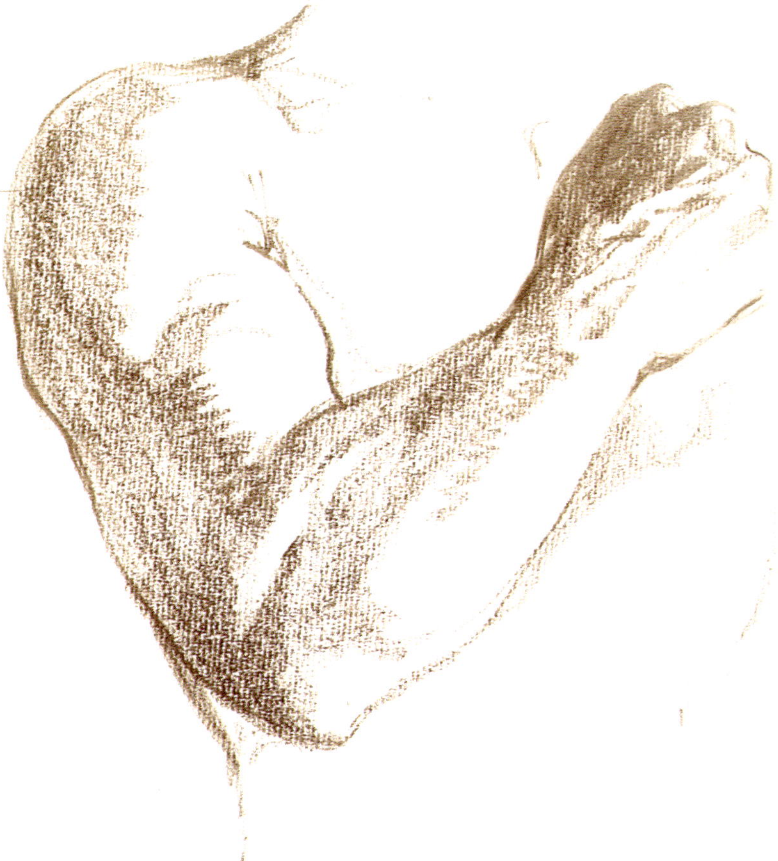

Das Volumen des Arms

Als Einführung in die Ausarbeitung der Volumen sehen Sie hier eine Möglichkeit, den Arm mit Hilfe von Zeichenkohle zu schattieren. Die Bestimmung der Töne erfolgt mit raschen Schraffuren ohne Verwischen. Wichtig ist, daß die Darstellung schnell erfolgt, denn wir wollen derzeit nichts präzisieren, sondern uns zunächst mit dem Material vertraut machen und spüren, wie es sich handhaben läßt.

Gebeugtes Bein

Bei der zweiten Detailzeichnung erfolgt das Schattieren noch zusammenfassender und beschränkt sich auf einige Striche, die sich rasch das Bein entlangziehen. Die Form wird von einer energischen Umrißlinie bestimmt, die in ihren Krümmungen die durch die Pose bedingten Falten und Biegungen einbezieht. Die Anatomie ergibt sich bei diesem Detail automatisch; kümmern Sie sich derzeit nicht darum. Ziel dieser Vorübung ist es, rasch zeichnen zu lernen und den Respekt vor der Zeichenkohle zu verlieren.

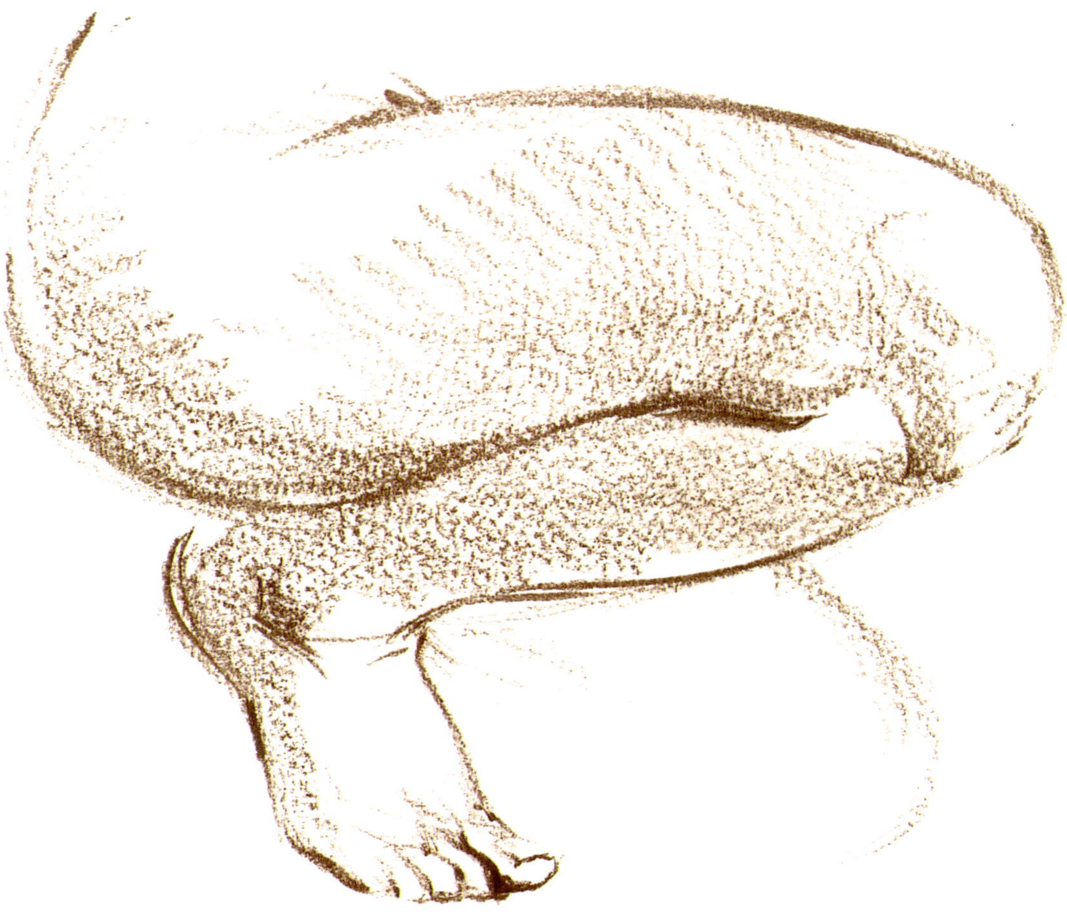

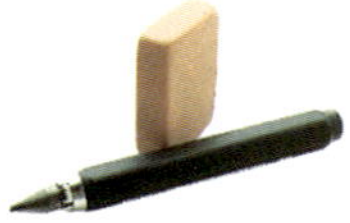

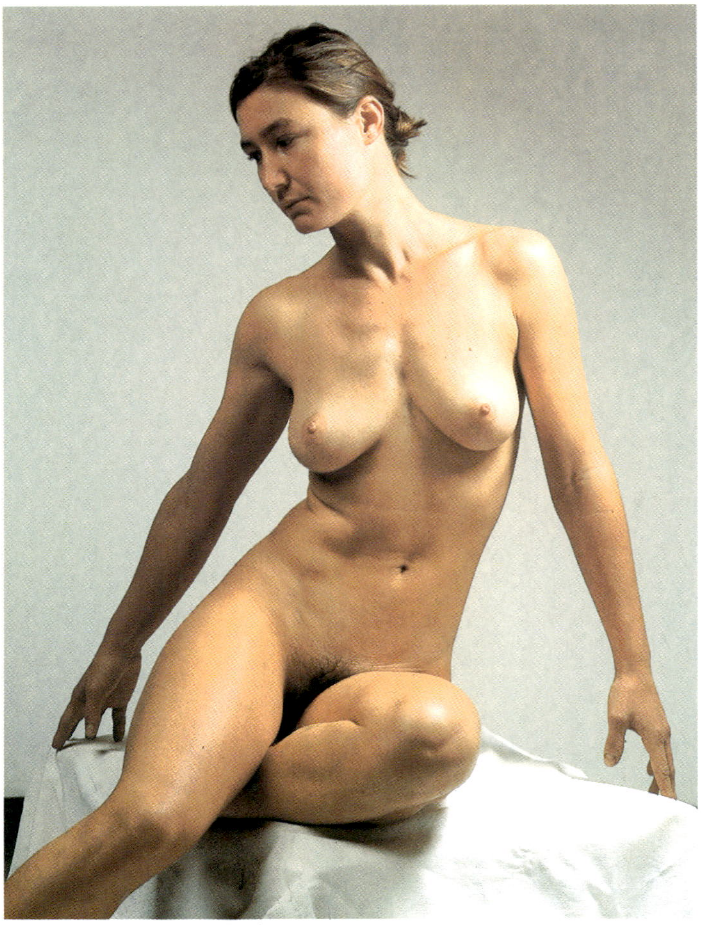

DARSTELLUNG EINES WEIBLICHEN TORSOS

Die erste Übung besteht aus einem weiblichen Torso in einer Haltung, die sich erheblich von der vorigen unterscheidet. Dies ergibt sich aus der Pose des Modells: sitzend, ein Bein untergeschlagen und den Körper straff gebeugt. Wir müssen in der Lage sein, diese Pose als Ganzes in dem Fragment des Torsos zum Ausdruck zu bringen. Die gesamte Komplexität der Bewegung ist hier enthalten, und das Problem besteht darin, es deutlich darzustellen. Dies ist weniger eine Frage der Technik als vielmehr des Verständnisses der Form, der Bewegung und des Rhythmus der einzelnen Teile. Die Entspannung der linken Seite findet ihre Entsprechung in der rechten Spannung und ist einer der Hauptschlüssel. Der zweite entscheidende Faktor besteht in der leichten Rückwärtsneigung, die links deutlicher sichtbar wird als rechts. Ich werde beides darstellen, ohne die Zeichnung zu verkomplizieren. Nochmals: Es geht um das Verständnis der Form und weniger um eine buchstabengetreue Kopie.

1 Bereits zu Beginn konkretisiere ich die Hauptlinien der Pose und damit deren Eigenbewegung. Die Bewegung ergibt sich aus den Flanken und der unterschiedlichen Höhe der Brüste.

2 Die Eingangsschattierung der Zeichnung ist sehr zart: Grautöne mit der flachliegenden Mine, die ich leicht mit dem Wischer verschmelze, um eine erste Annäherung an das Volumen zu erhalten.

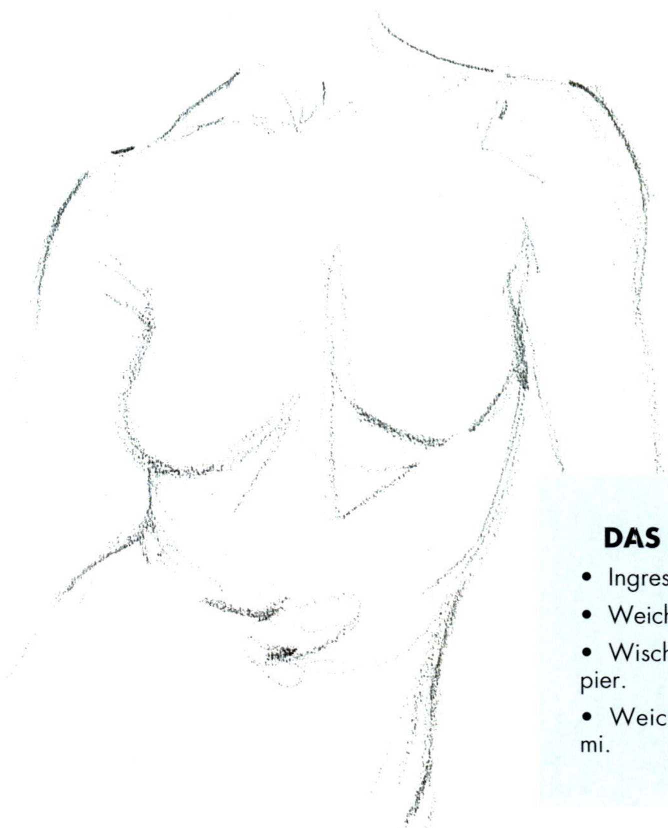

DAS MATERIAL

- Ingres-Büttenpapier.
- Weiche Graphitmine.
- Wischer aus Saugpapier.
- Weicher Radiergummi.

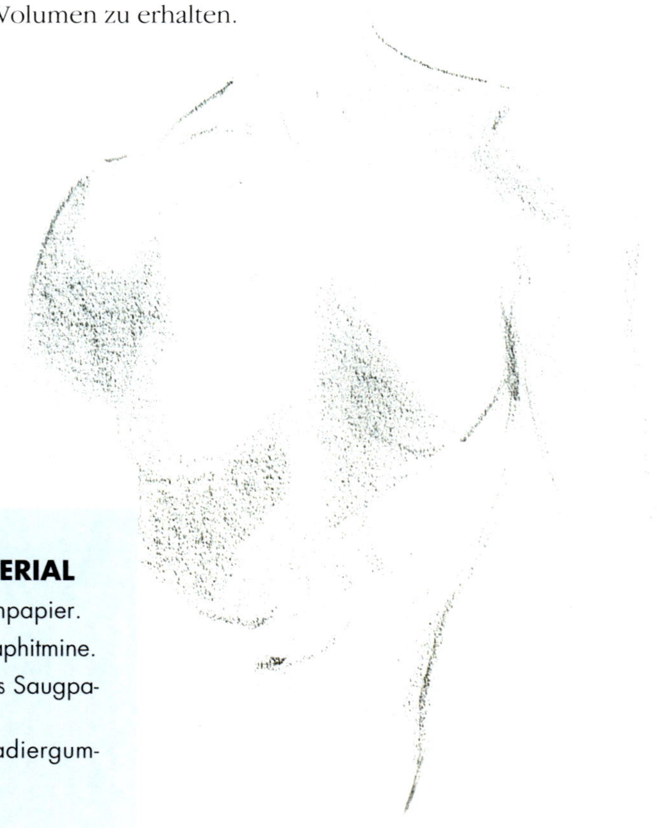

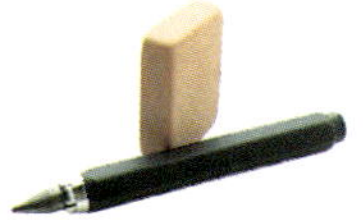

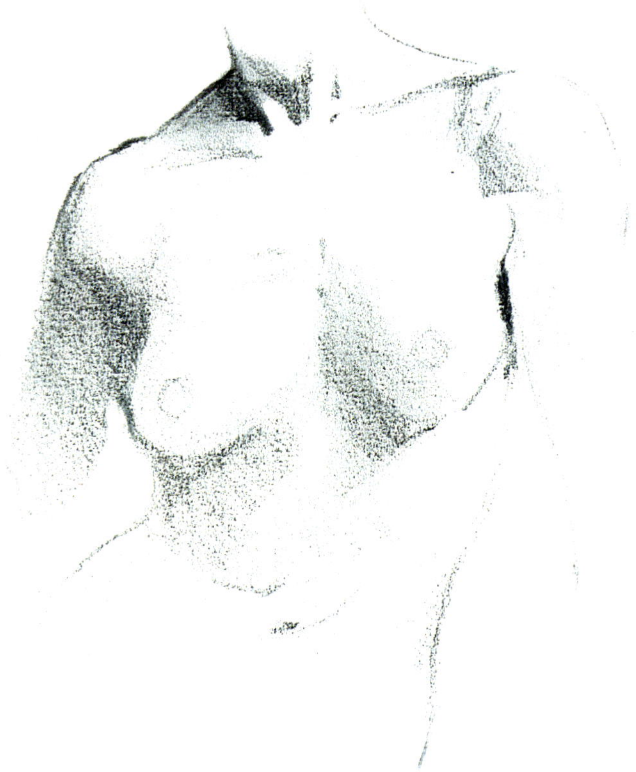

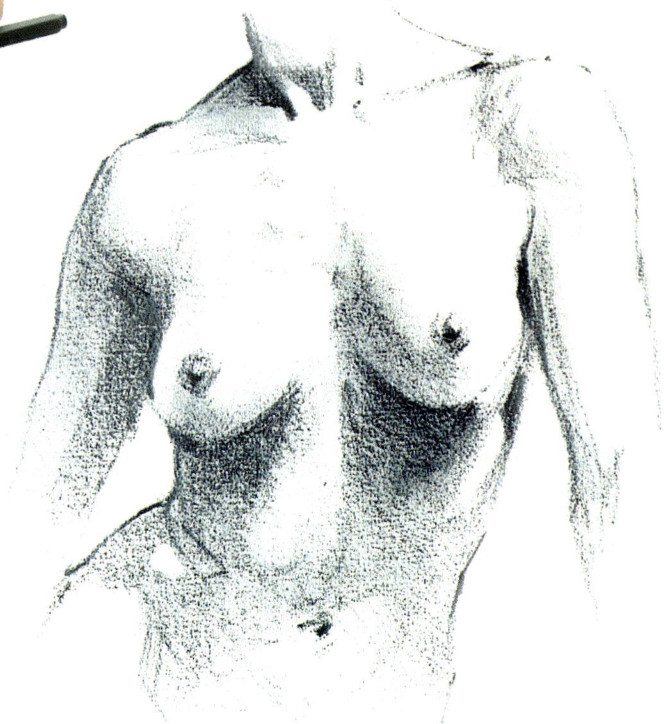

3 Mit dem Wischer kann ich die Schatten weich ausziehen, ohne weiteren Graphit aufzutragen. Diese erste Ausarbeitung ist sehr wichtig, denn bei präziser Ausführung brauche ich die Schatten später nur noch an einigen Stellen zu verstärken.

4 Nachdem die weichen Schatten korrekt angelegt sind und das Volumen definieren, deute ich einige wichtige Details wie die Brustwarzen, die Schatten des Brustbeins und die Rundung des Bauchs an. Mit dem Radiergummi hole ich etwas Weiß für den rechten Arm wieder hervor.

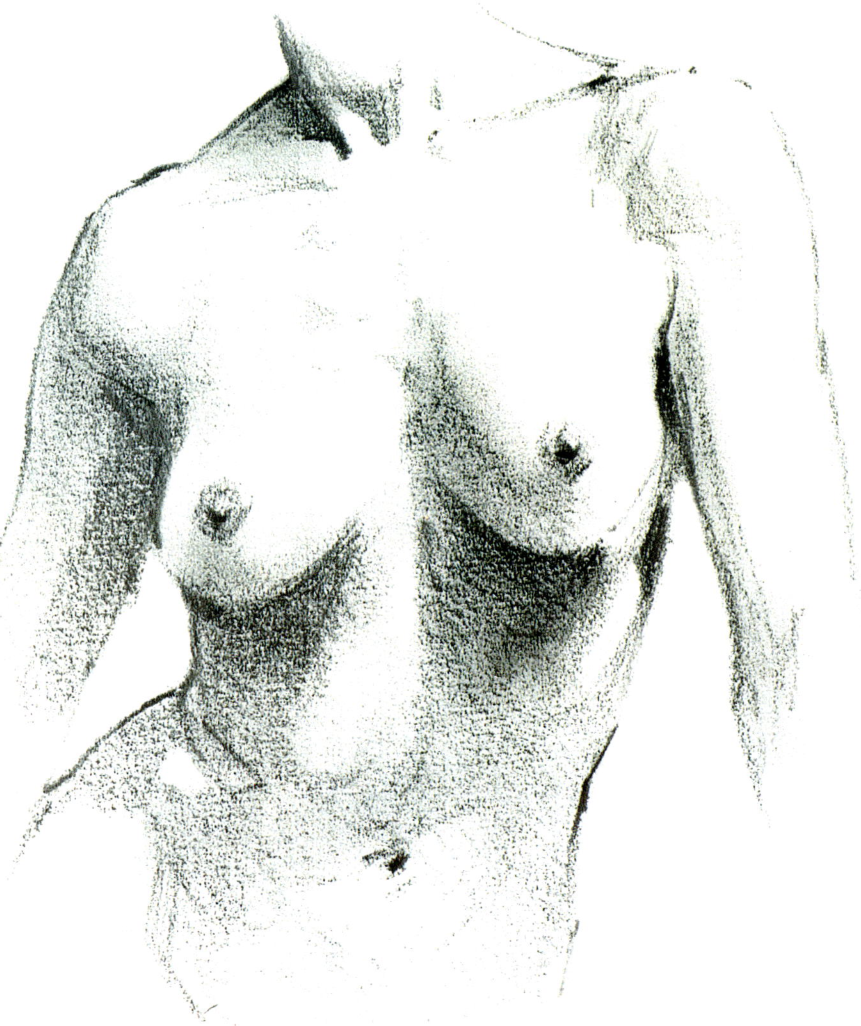

5 Ich habe die Schatten weiter verstärkt und dafür zusätzlichen Graphit aufgetragen. In diesem letzten Stadium habe ich mit dem Wischer gearbeitet, um ein Aufweichen der Form zu vermeiden. Die Tonwerte sowie die Richtung und der Rhythmus der Pose sind korrekt angelegt.

RÜCKEN, HÜFTEN, GESÄSS

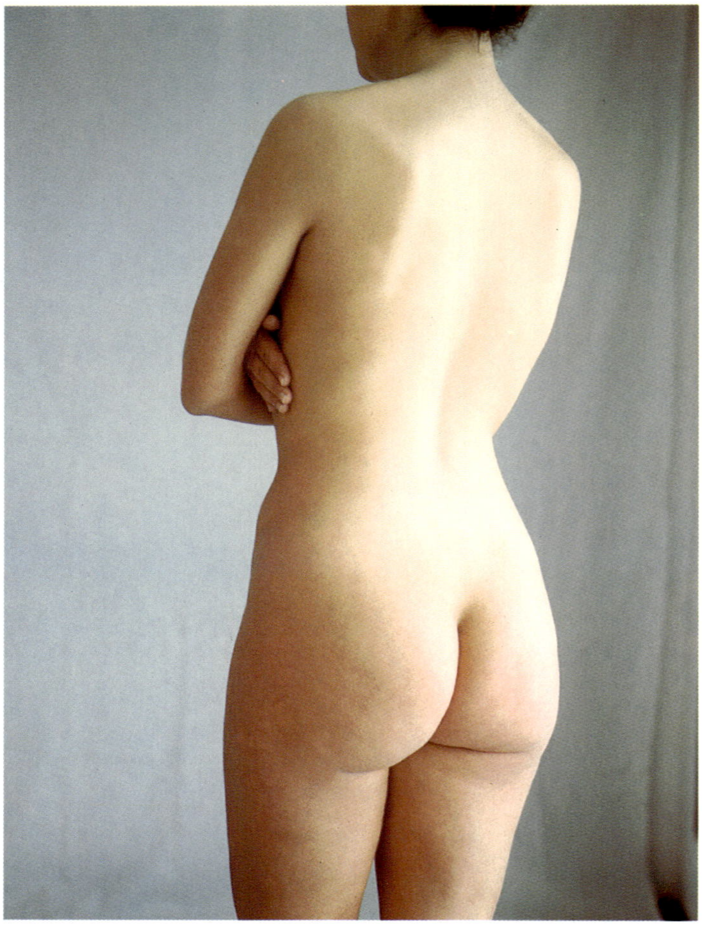

Mit dieser Übung wollen wir den Rücken einer weiblichen Gestalt untersuchen. Nicht den ganzen Rücken, sondern den unteren Teil mit dem Gesäß und dem Ansatz der Schenkel. Der interessanteste Aspekt ist die harmonische Anlage der Umrisse. Wegen der Pose des Modells umschließen die Linien das Volumen nicht symmetrisch: Die rechte Hüfte beschreibt eine weite weiche Kurve; die linke enthält eine Einbuchtung, die dem oberen Abschnitt des Beckens entspricht. Das visuelle Spiel der beiden Kurven ist das Interessanteste an dieser Übung. Aber auch das subtile Spiel der Volumen des Gesäßes muß hervorgehoben werden. Damit die Darstellung korrekt wird, lasse ich sie linear, ohne die Form abzuflachen. Anders ausgedrückt: Ich behalte die Eleganz der Zeichnung bei und unterstreiche zugleich die Volumen. Der entscheidende Faktor auf dem Weg zu diesem Ziel ist die Qualität der Eingangszeichnung.

1 Die Eingangszeichnung ist bei dieser Übung besonders wichtig. Es handelt sich um wenige Linien, deren Ausdehnung und Verlauf so exakt wie möglich wiedergegeben werden müssen, damit die Volumen beim Schattieren klar hervortreten.

2 Die ersten Schatten sind die Probe dafür, ob die Linien der vorigen Zeichnung korrekt angelegt wurden. Das Schattieren beschränkt sich auf einige kurze Kohlestriche an der linken Begrenzung der Umrisse.

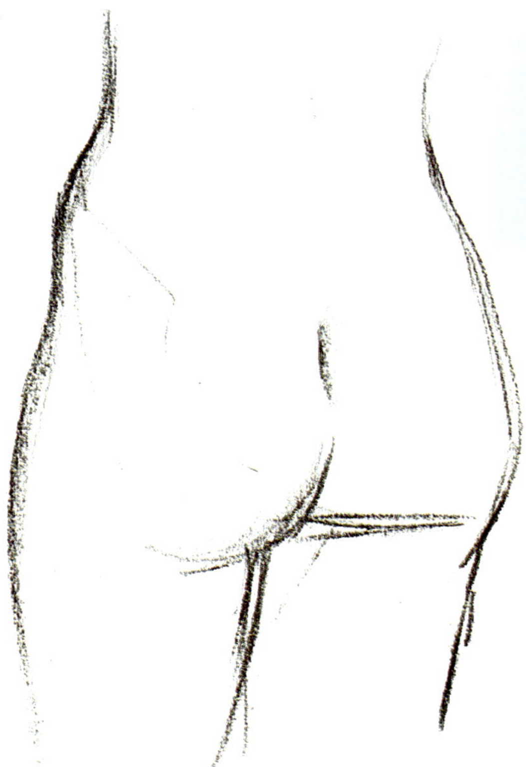

DAS MATERIAL

- Ingres-Büttenpapier.
- Zeichenkohle.
- Verwischen mit den Fingern.

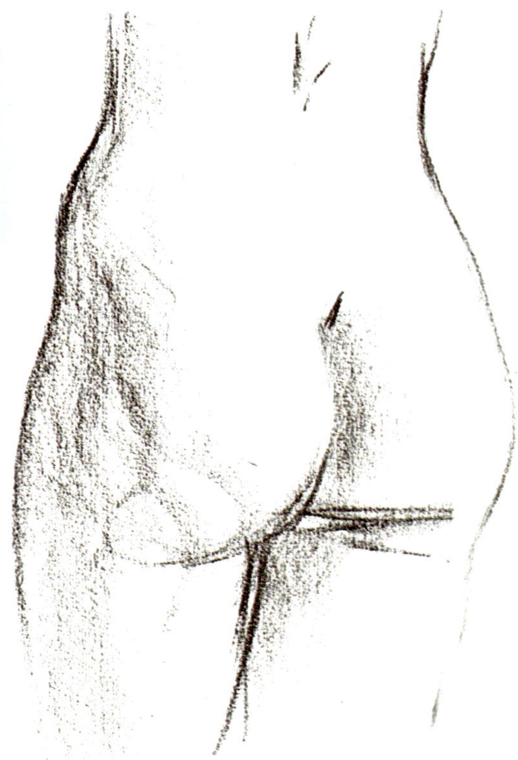

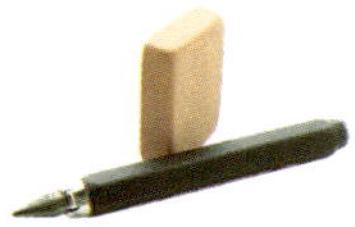

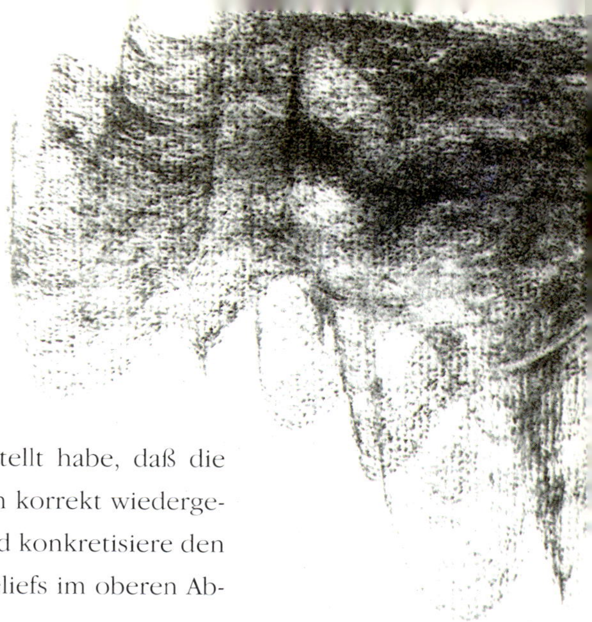

3 Nachdem ich festgestellt habe, daß die Schatten die Volumen korrekt wiedergeben, verstärke ich sie und konkretisiere den dunklen Tonwert des Reliefs im oberen Abschnitt des Beckens.

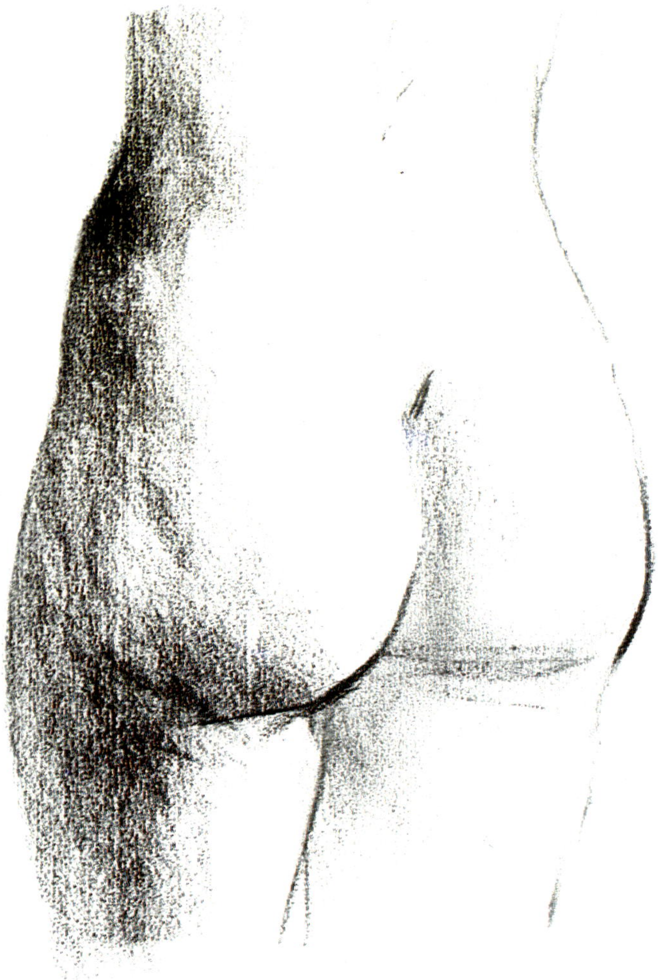

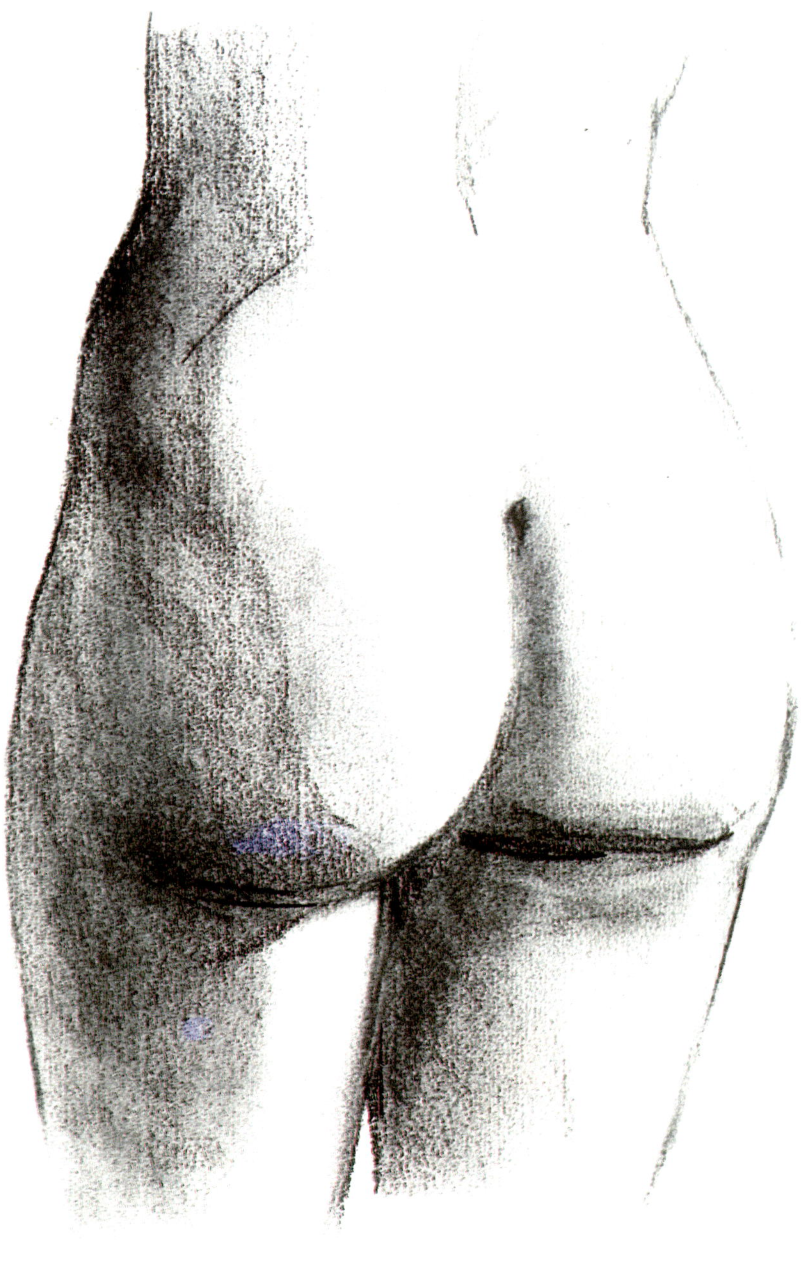

4 Ich habe keine weitere Kohle hinzugefügt, sondern die vorhandenen Partikel mit den Fingern verwischt, um weiche Übergänge von hell nach dunkel zu erhalten. Außerdem habe ich die Schatten an der Unterkante des Gesäßes überarbeitet.

LINIEN UND FLECKEN

Das Spiel zwischen den Linien und den Flecken für die Schatten, das sich in dieser Zeichnung ergibt, ist charakteristisch für die akademische Aktdarstellung. Zwischen den Linien und den Flecken muß ein harmonisches Gleichgewicht herrschen, damit beide Faktoren zur Anlage der Volumen und der plastischen Harmonie beitragen.

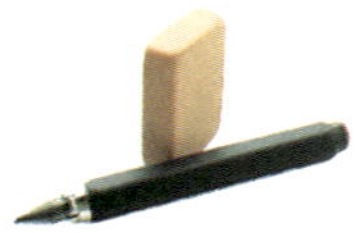

VOLLSTÄNDIGER MÄNNLICHER TORSO

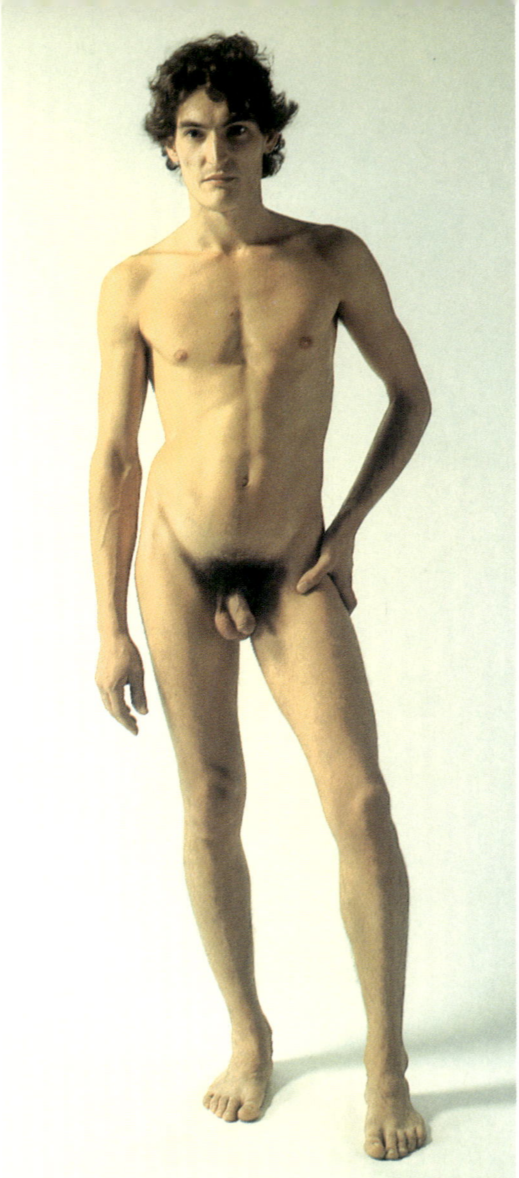

Der männliche Torso gehört zu den klassischen akademischen Themen. In Künstlerkreisen der französischen Akademien bezeichnete man dieses Motiv als „ästhetischen Panzer" und spielte damit auf die Ähnlichkeit mit den Ritterrüstungen an, deren Metall bekanntlich die kraftvolle Muskulatur des Torsos wiedergab (nach dem Vorbild griechischer Bildhauerei). Das Interesse an diesem Thema hat sich durch alle Jahrhunderte erhalten. Wir schlagen eine Darstellung mit einfachen, aber effizienten Mitteln vor, wie es der bildhaften Kraft entspricht, die ein Thema mit diesen Merkmalen aufweisen muß.

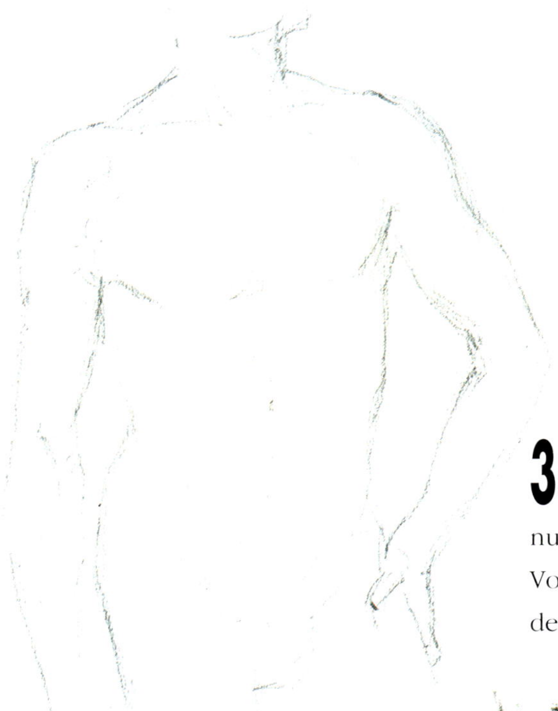

1 Der vollständige Torso reicht vom Hals bis zur Mitte der Schenkel. Wichtig ist, daß die Bewegung des Modells bereits in der Eingangszeichnung erkennbar wird: daß es sich also um eine stehende Gestalt handelt.

2 Nachdem die Umrisse angelegt sind, beginne ich zu schattieren. Ich führe die Schattierung mit parallelen Strichen aus, ohne zu verwischen, und baue die Volumen mit Hilfe wechselnder Strichrichtungen auf.

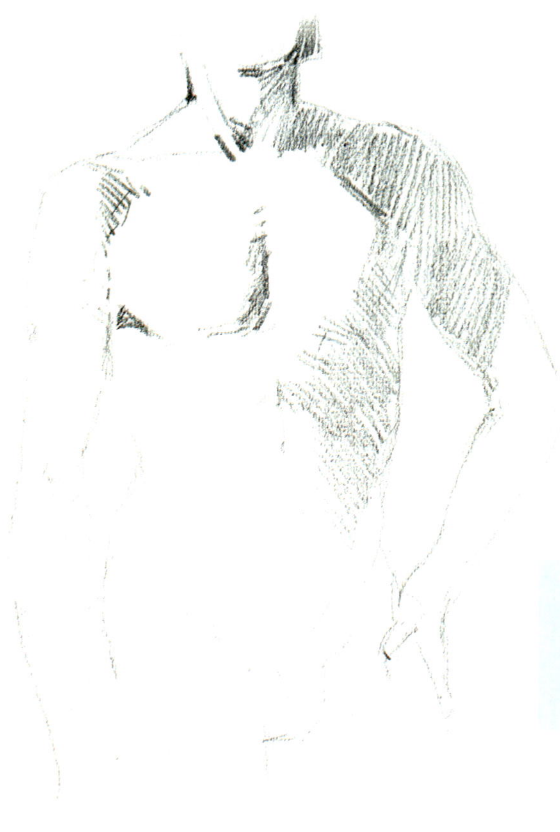

3 Die absteigenden Striche in der rechten Hälfte der Zeichnung drücken das rundliche Volumen des Brustkastens und des Bauchs aus.

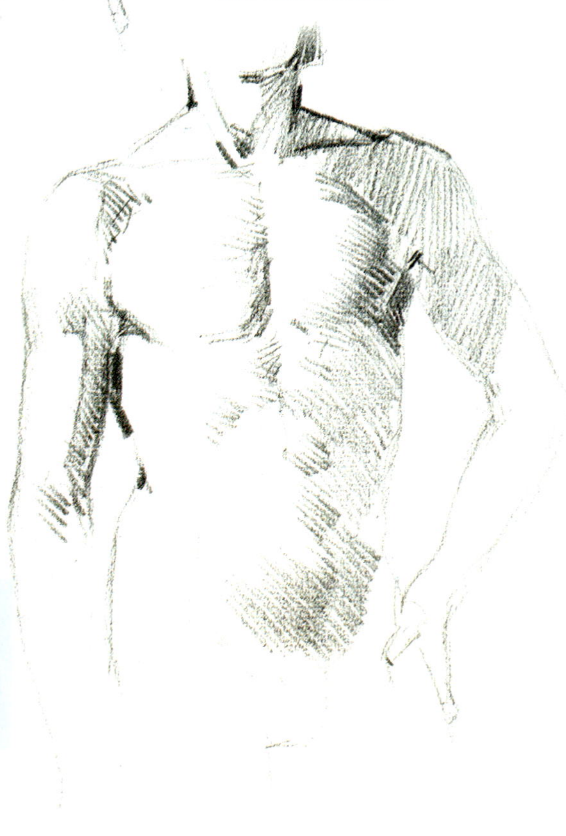

DAS MATERIAL
- Ingres-Büttenpapier.
- Conté-Stift.

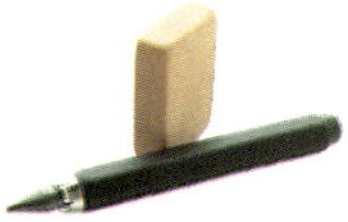

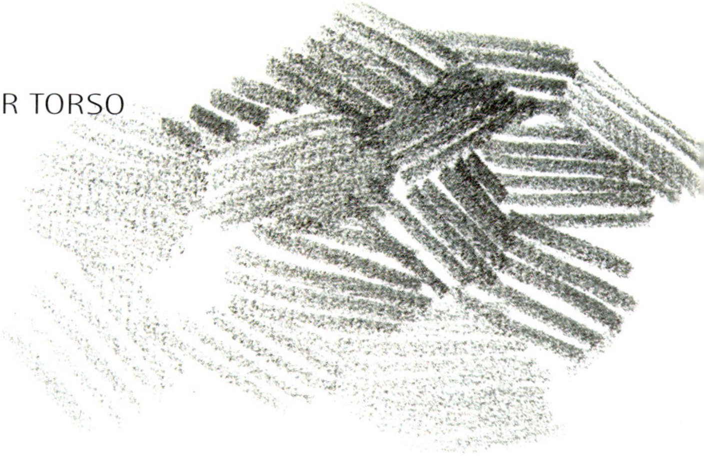

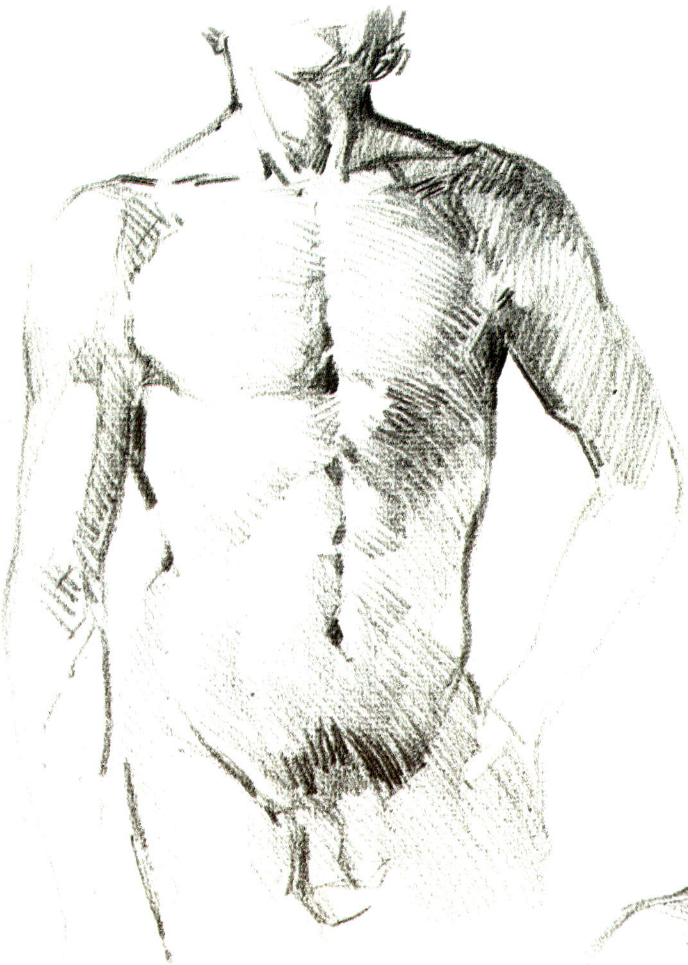

4 Ich verstärke die Schraffuren, um alle Tonwerte der Volumen korrekt wiederzugeben. Bei dem Brustkasten befinden sich die dunkelsten Töne nicht an den Umrissen, sondern weiter im Innern. Deshalb wirkt das Volumen wie gedrechselt.

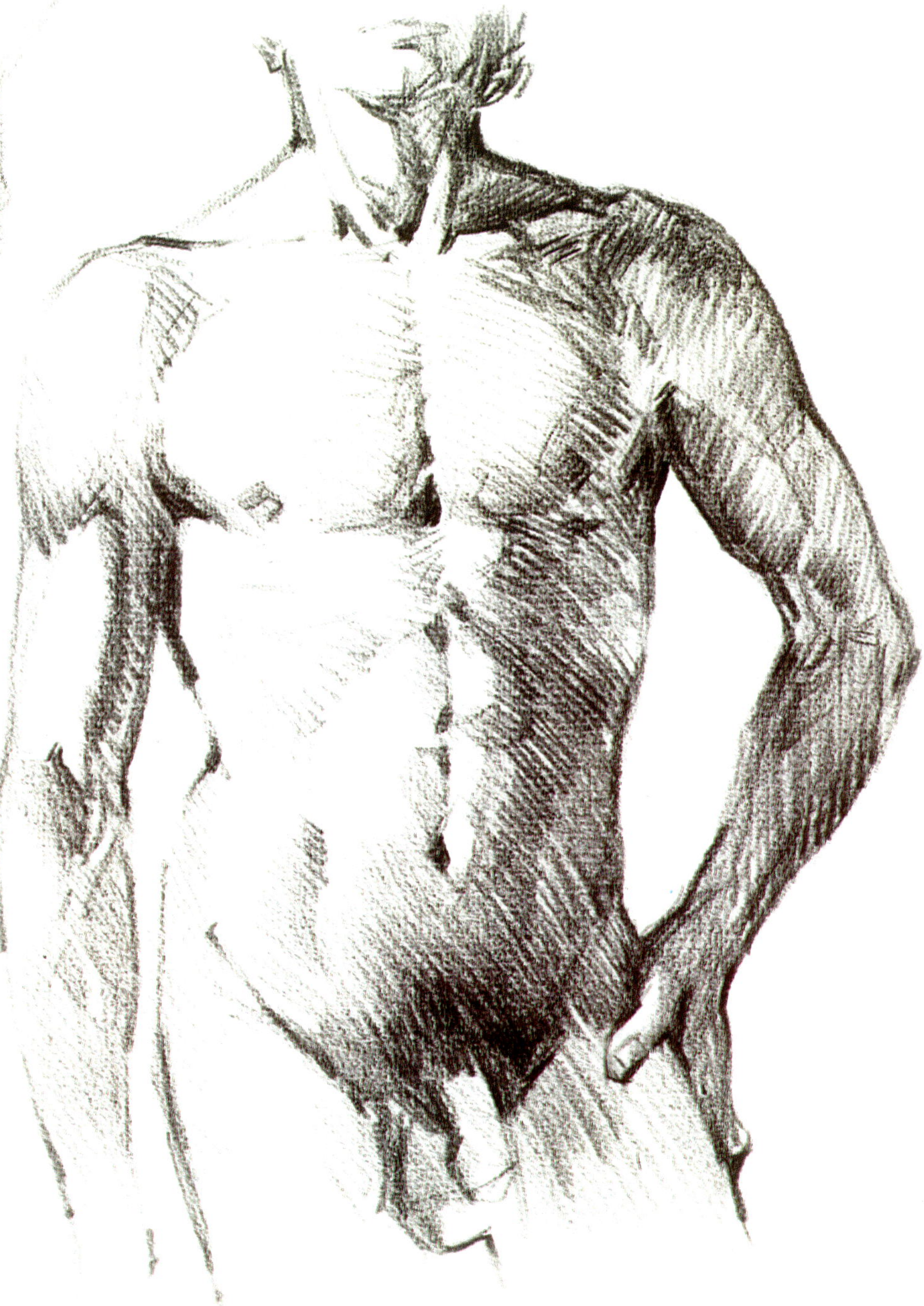

5 Die fertige Zeichnung enthält die gesamte Tonwertskala. Diese entstand ausschließlich aus Schraffuren mit dem Conté-Stift. Ich habe nichts verwischt, weil das der Wirkung der Ausarbeitung geschadet hätte.

SCHRAFFUREN UND VERWISCHUNGEN

Schatten aus Schraffuren sind nüchterner als Verwischungen und sie besitzen eine größere graphische Qualität, während das Verwischen malerisch wirkt. Die Schraffuren stammen vom Holzschnitt ab, wo alles mit der reinen Linie ausgedrückt wird. Dieses Schattieren verleiht den Volumen größere Präzision und zwingt den Künstler, die unterschiedlichen Richtungen der Linienbündel zu berücksichtigen.

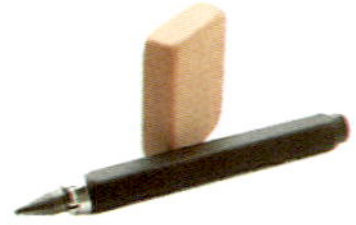

WEIBLICHE BÜSTE

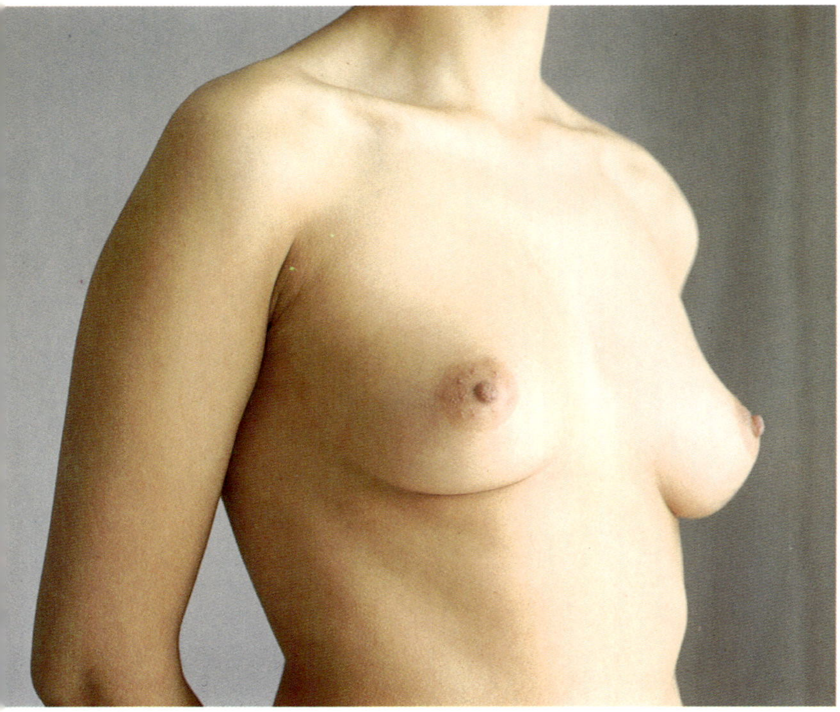

Als Gegenpol zum Torso aus der vorigen Übung schlagen wir Ihnen nun eine weibliche Büste vor. Dieses Motiv erfordert eine ganz andere, beinahe entgegengesetzte Behandlung. Den männlichen Torso habe ich mit Strichen und Schraffuren in unterschiedlicher Richtung schattiert, die Volumen präzisiert und eine gewisse Strenge erreicht, die gut zum Thema paßt. Bei dieser Übung werde ich verwischen und Licht und Schatten verschmelzen, um ein weicheres Endergebnis zu erhalten. Die einzige Schwierigkeit dieses Motivs kann sich in der von vorn gesehenen Brust ergeben, die man ohne Umrisse durch Schattieren darstellen muß, indem man die Rötelflecken in den richtigen Tonwerten verwischt.

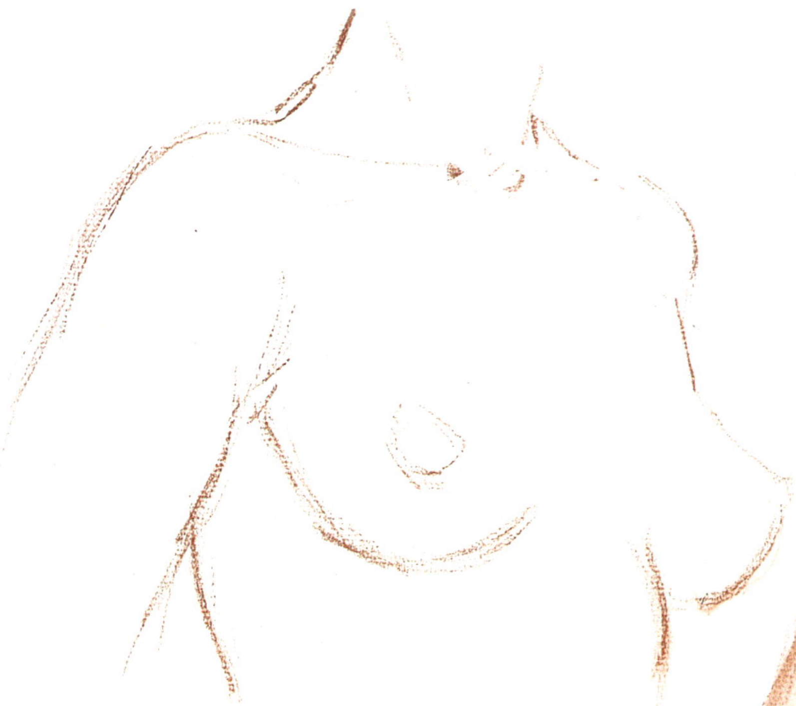

1 Die Eingangszeichnung für diese Übung ist äußerst schlicht. Man kann die Striche beinahe zählen. Wichtig ist, daß die Brüste in der richtigen Höhe liegen, so daß sie die Rundung des Brustkastens andeuten.

DAS MATERIAL

- Ingres-Büttenpapier.
- Rötelkreide und Wischer.

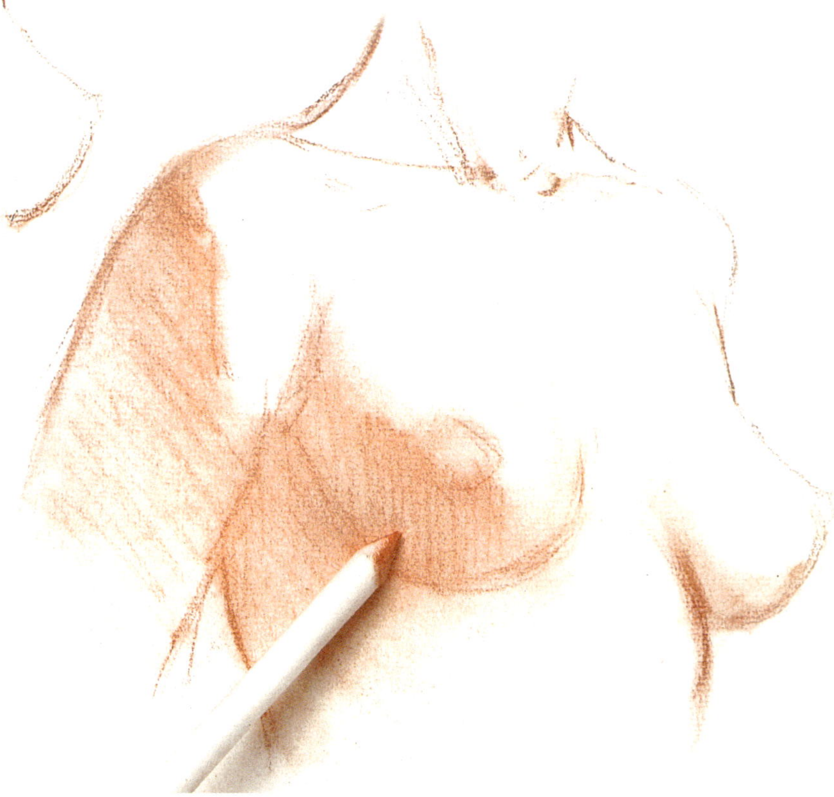

2 Nach dem Anlegen der schattigsten Stellen mit dem flachen Stäbchen, verwische ich die Flecken, um weiche fließende Stellen zu erhalten. An manchen Stellen, so unterhalb der linken Brust, reicht der Schatten bis an den äußeren Rand der Form. So wird die Ausarbeitung plastisch und natürlich.

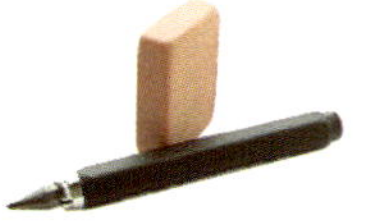

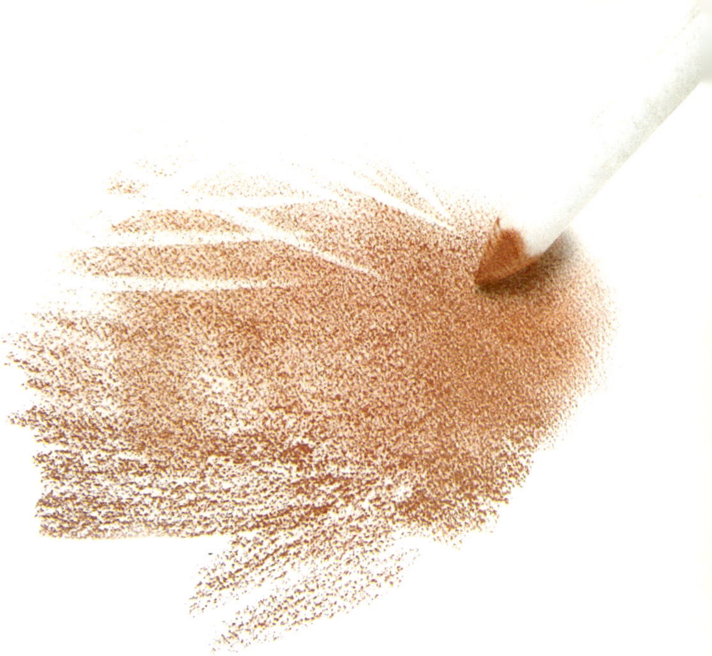

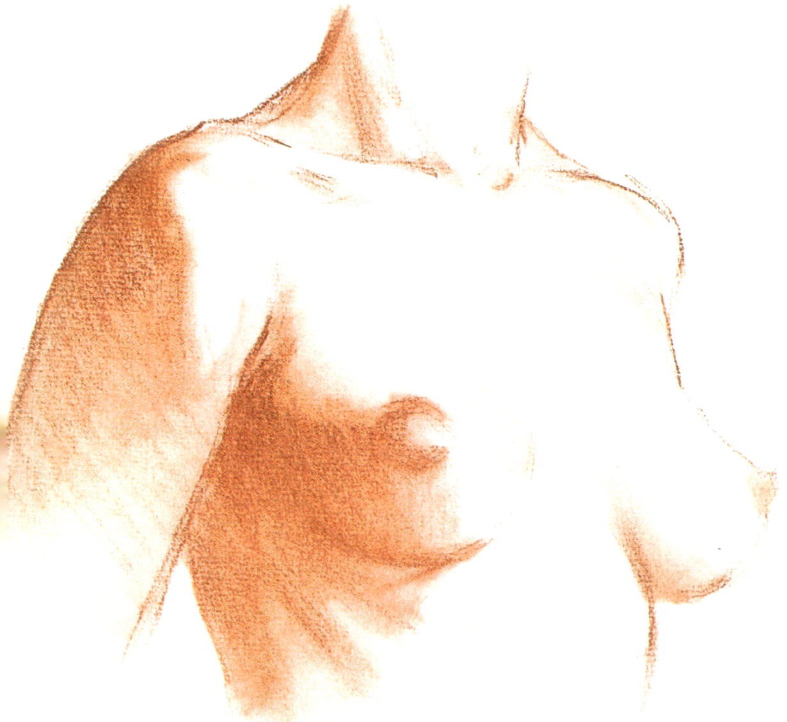

3 Aufgrund der immer präziseren Verwischungen treten die Form und das Relief der Volumen deutlich zutage. Mit Rötelkreide erreicht man eine größere Präzision als mit Zeichenkohle und hat zusätzlich den Vorteil, daß die Farbe wärmer ist und besser zu Motiven wie diesem paßt.

VERWISCHEN VON RÖTELKREIDE

Rötelkreide eignet sich sehr gut zum Verwischen. Die warme Farbe paßt hervorragend zu den weichen, seidigen Tönen, die mit dem Wischer zu erzielen sind. Trotzdem sollte man nichts übertreiben, da dies zu einem süßlichen, eher unnatürlichen Ergebnis führen könnte.

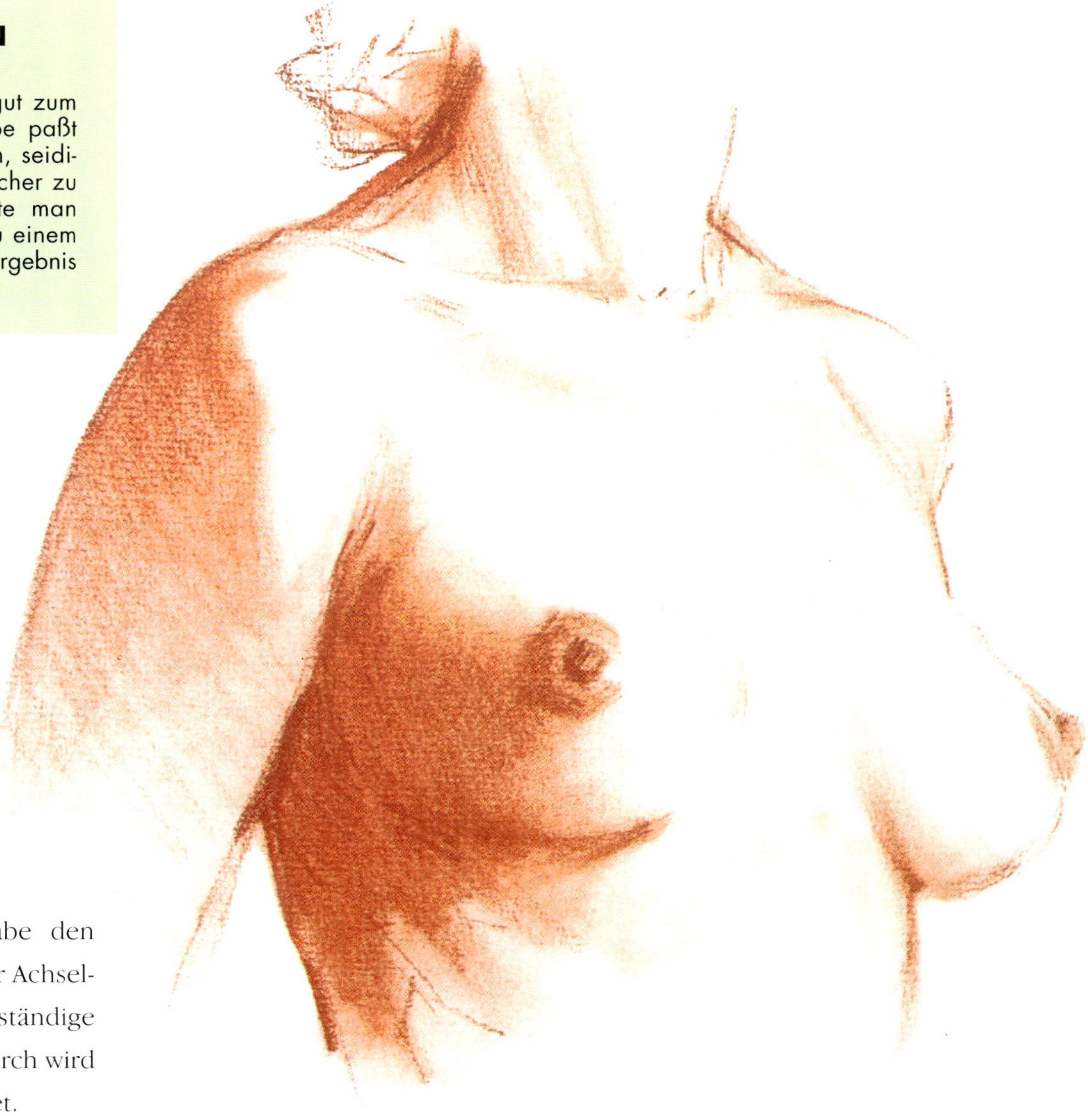

4 Die fertige Arbeit. Ich habe den Schatten der Rippen und der Achselhöhle verstärkt, um eine vollständige Tonwertskala zu erhalten. Dadurch wird die Rundheit der Büste vollendet.

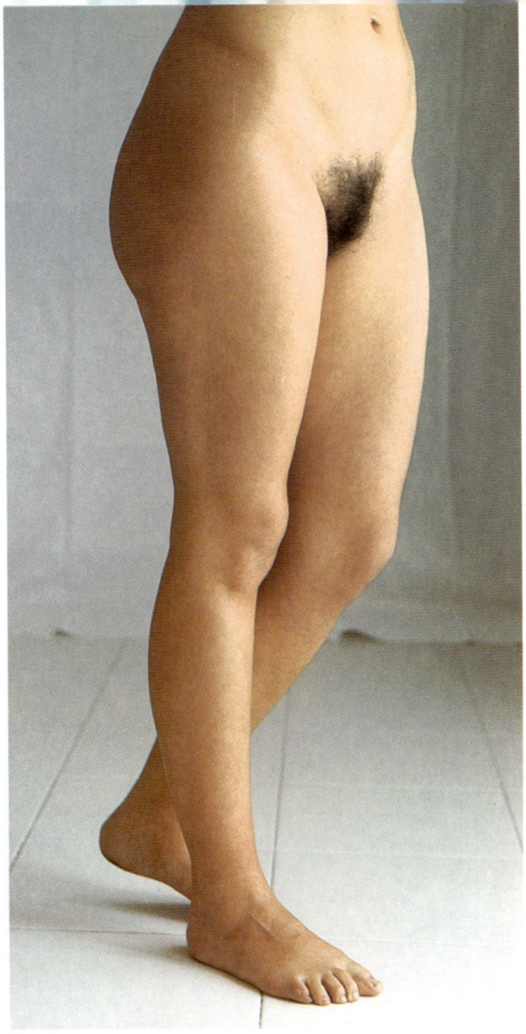

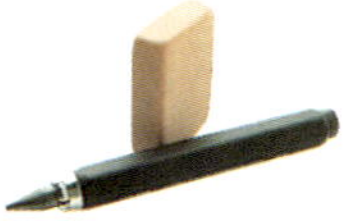

WEIBLICHE FÜSSE

Bei dieser Übung wollen wir weibliche Füße in der Dreiviertelansicht darstellen. Das rechte Bein des Modells ist vollständig zu erkennen, während das linke teilweise verdeckt wird. Bei dieser Pose ruht das gesamte Gewicht der Gestalt auf dem rechten Bein, das die Form einer Säule oder einer Spindel aufweist. Das Volumen verschmälert sich nach unten. Der Fuß muß einen festen Stand haben und ausdrücken, daß das Gewicht sicher auf dem Boden steht. Das andere Bein ist entspannt; sein Umriß beschreibt eine absteigende Kurve. Die Ausarbeitung bietet keine bemerkenswerten Schwierigkeiten. Ich werde sie mit fortlaufenden weichen Verwischungen vornehmen.

1 Die reinen Umrißlinien, die bereits das Wesentliche festhalten: die Bewegung des entspannten Beins und die Gewichtsverlagerung auf das senkrechte Bein.

2 Schattierung durch Verwischen der Sepiakreide mit einem Wischer. Der maximale Schatten liegt auf der Lende und der rechten Gesäßbacke.

3 Zum Säubern der Umrisse verwischter Flächen verwende ich den Radiergummi. So bleibt die Schattierung auf das Innere der Umrißlinien beschränkt.

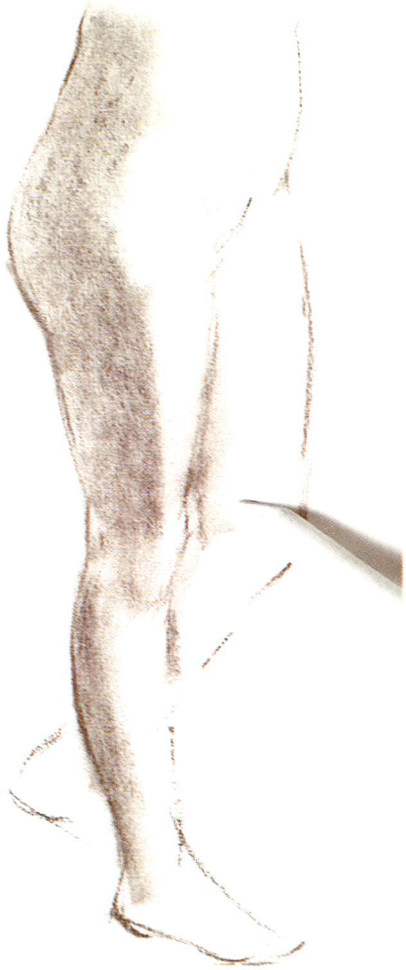

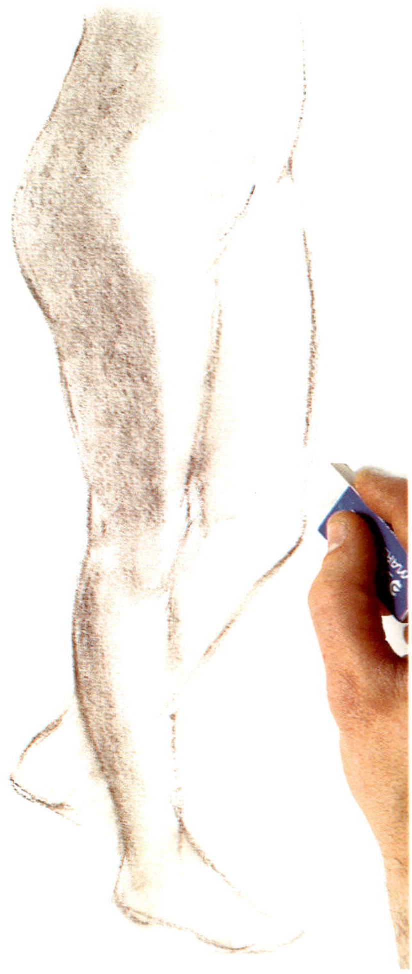

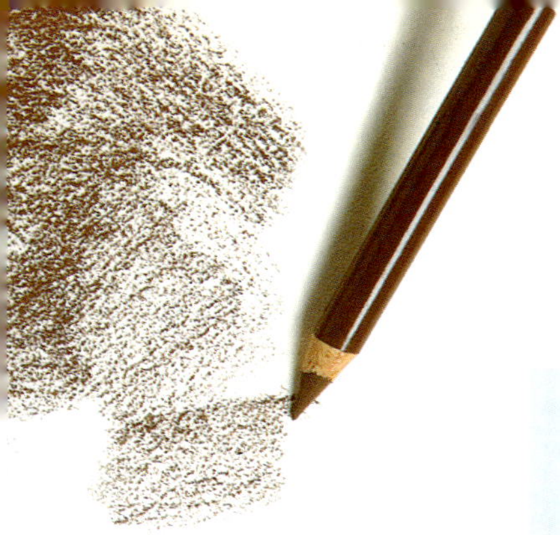

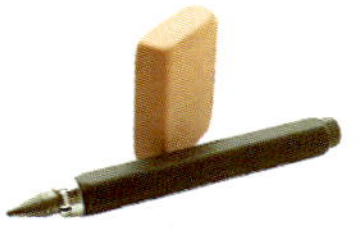

DAS MATERIAL
- Weißes Cansonpapier.
- Sepiakreide.
- Wischer.

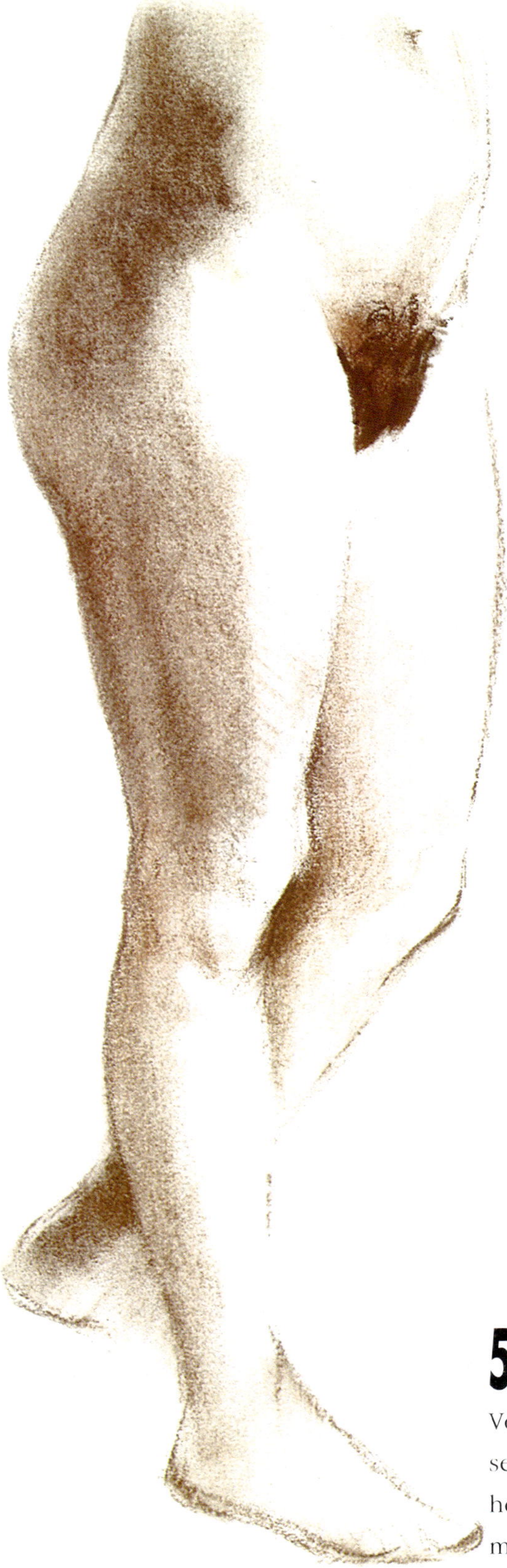

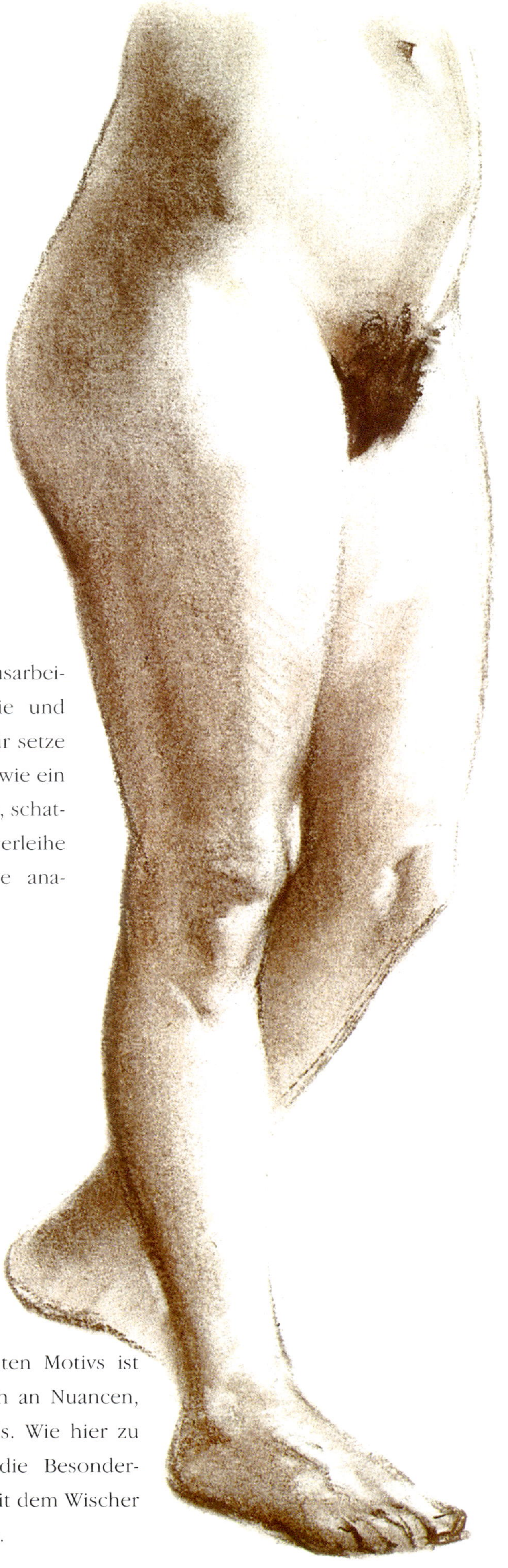

4 Es folgt die Ausarbeitung der Knie und der Waden. Dafür setze ich den Wischer wie ein Zeichengerät ein, schattiere damit und verleihe den Stellen ihre anatomische Form.

5 Trotz des schlichten Motivs ist das Ergebnis reich an Nuancen, Volumen und Details. Wie hier zu sehen, kann man die Besonderheiten der Gestalt mit dem Wischer maximal ausschöpfen.

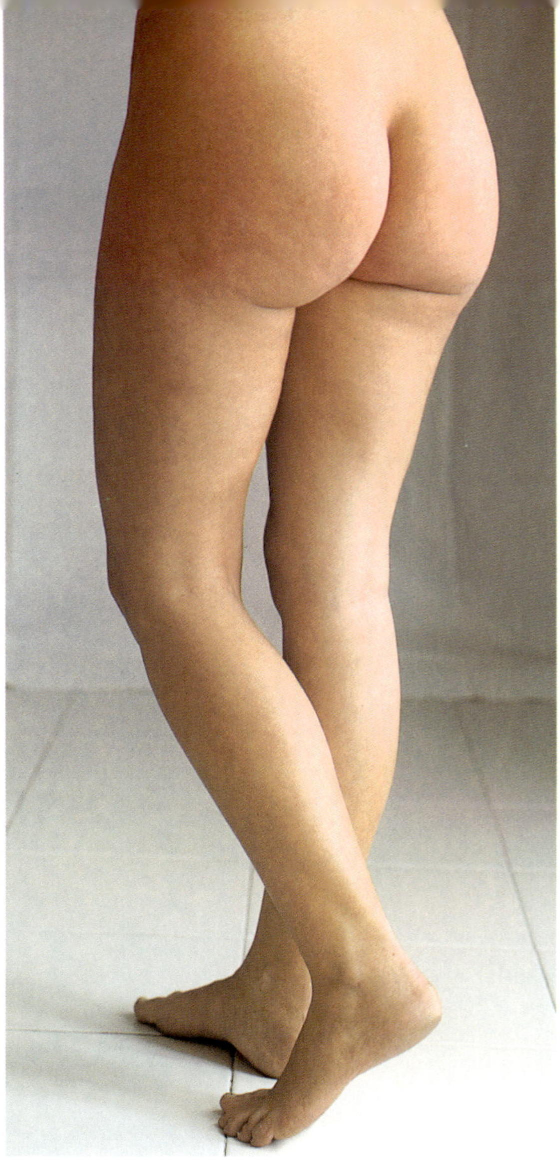

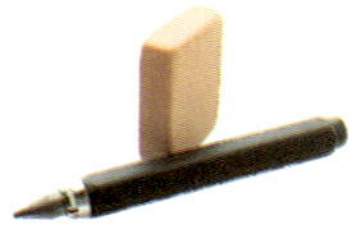

WEIBLICHE BEINE IN DER RÜCKANSICHT

Dies ist unsere letzte Übung im Rahmen der Einzelaspekte der männlichen und der weiblichen anatomischen Zeichnung. Die anderen Aspekte des menschlichen Körpers als zeichnerisches Motiv haben wir bereits auf den vorigen Seiten untersucht. Für diese Übung schlagen wir Ihnen von hinten gesehene Beine vor. Es handelt sich also um eine Variante oder Ergänzung der Rückenansicht des Modells, bei der wir uns schon mit den meisten Faktoren vertraut gemacht haben, die hier ins Spiel kommen. Die Pose ist dieselbe wie zuvor, nur daß das entspannte Bein jetzt im Vordergrund erscheint. Wie zuvor ist auch diesmal entscheidend, daß man die Gewichtsverteilung und das Gleichgewicht begreift, in dem sich die Gestalt befindet. Aufgrund der leicht perspektivischen Sichtweise erscheint das Stützbein des Modells etwas erhöht. Dies muß man berücksichtigen, um Fehler bei den Proportionen zu vermeiden.

1 Ich beginne erneut mit einer linearen Zeichnung, in der ich die wichtigsten Aspekte der Pose festhalte. Die Zeichnung muß genügend Informationen enthalten, damit die geringe perspektivische Verkürzung des linken Beins zum Ausdruck kommt.

OPTISCHE VERKÜRZUNGEN

Optische Verkürzungen der Gliedmaßen ergeben sich aufgrund des Blickpunkts. Manchmal sind sie sehr ausgeprägt und erfordern ein genaues Betrachten des Modells, damit keine Verzerrungen entstehen. Bei diesem Beispiel ist die Verkürzung des rechten Beins äußerst gering. Trotzdem darf man sie nicht außer acht lassen.

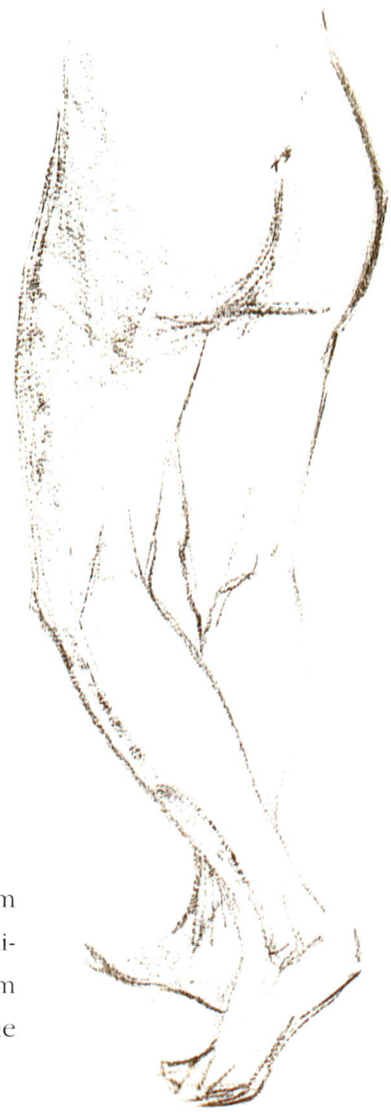

2 Mit der Sepiakreide lege ich leichte Farbflecken an, um die ersten Schatten anzudeuten, und hebe einige wichtige anatomische Faktoren hervor. Es handelt ich vor allem um die Sehnen an der Innenseite des Kniegelenks und die Fußknöchel.

WEIBLICHE BEINE IN DER RÜCKANSICHT

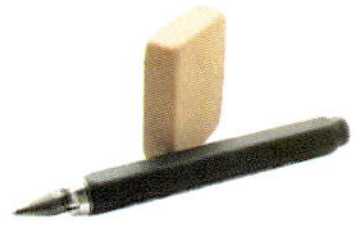

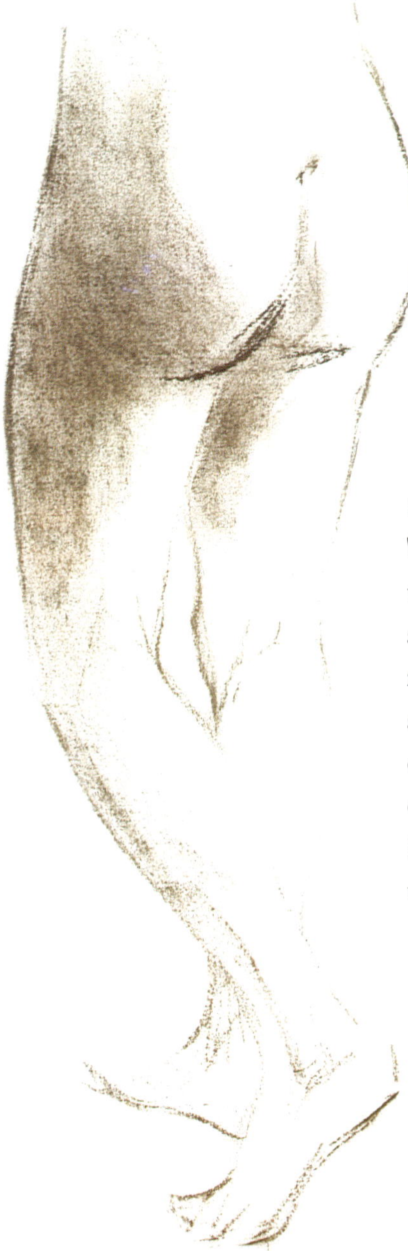

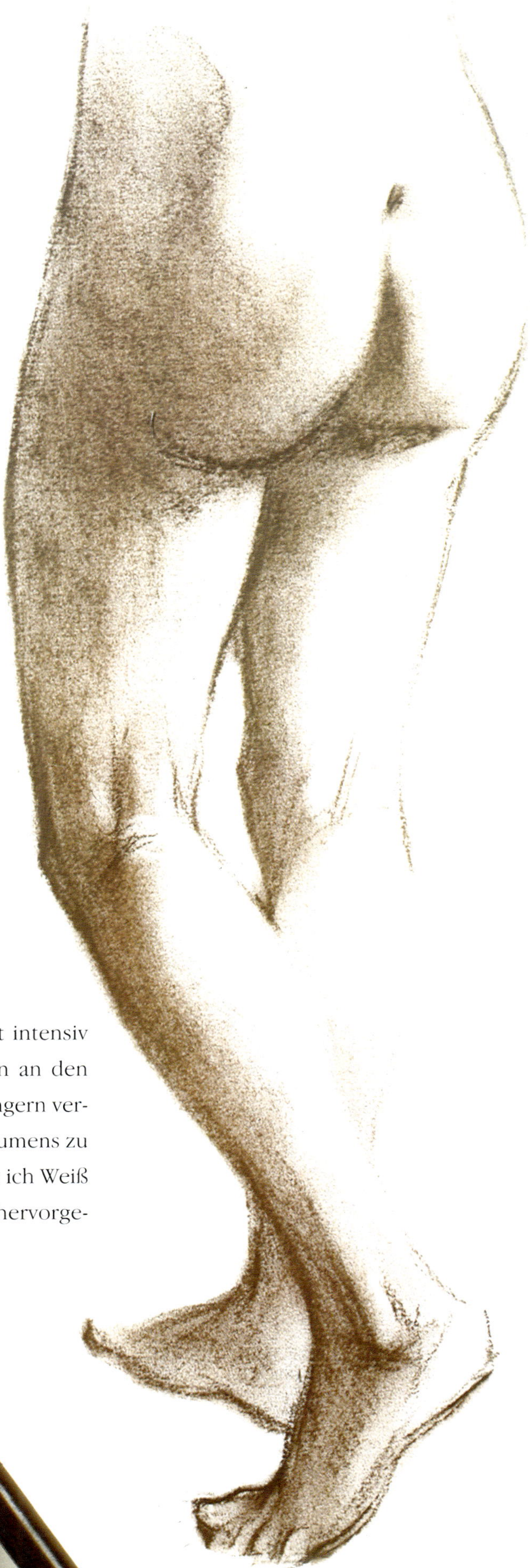

3 Ich habe die Sepiaflekken mit den Fingern verwischt, um die dunkelsten Tonwerte der Schatten zu erhalten. Diese befinden sich im unteren Abschnitt des Gesäßes und am Ansatz der Gesäßbacken. Ab hier hellen sich die Schatten wieder auf.

4 Die allgemeine Farbanlage ist intensiv genug. Ich habe die Schatten an den Umrissen betont und mit den Fingern verwischt, um die Rundung des Volumens zu erhalten. An einigen Stellen habe ich Weiß mit dem Radiergummi wieder hervorgeholt, zum Beispiel an der Ferse.

DAS MATERIAL

- Weißes Cansonpapier.
- Sepiakreide, die mit den Fingern verwischt wird.
- Weicher Radiergummi.

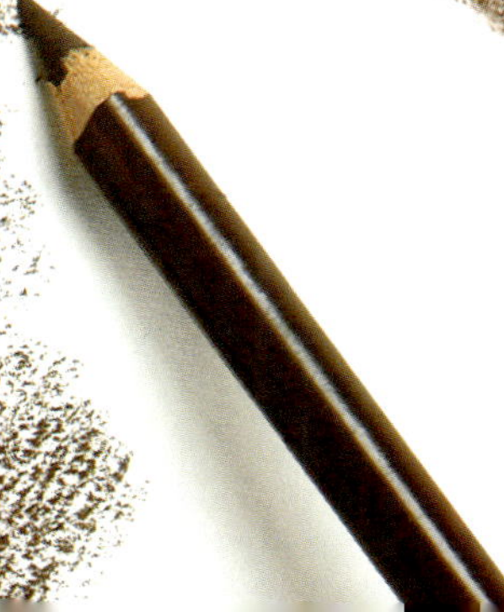

HINGESTRECKTER AKT

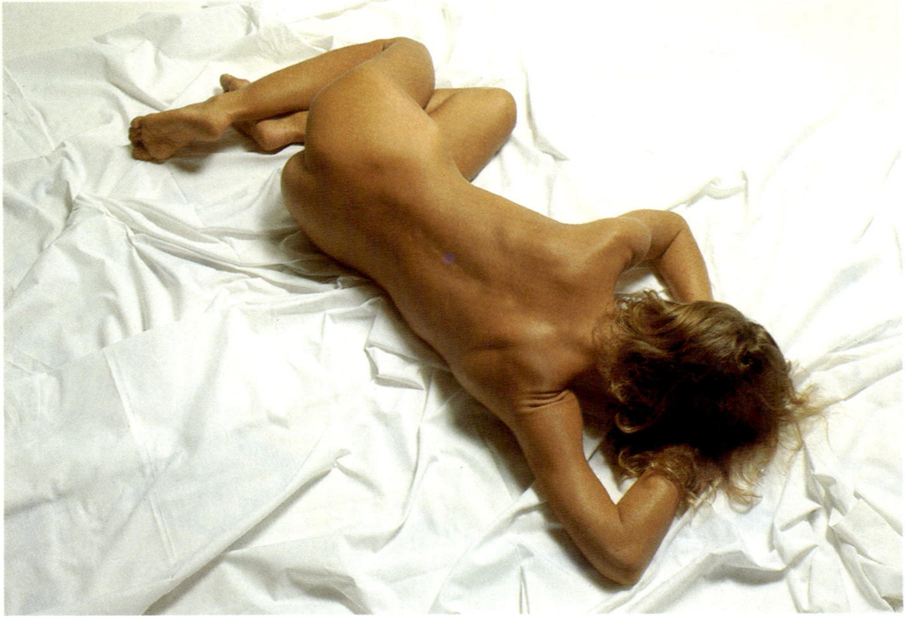

In den beiden letzten Übungen dieses Buches wollen wir alle zuvor untersuchten Begriffe und Teilaspekte noch einmal zusammenfassen. Bei der ersten Übung handelt es sich um einen weiblichen Akt, der auf einem Laken ruht und schräg von oben gesehen wird. Die Pose enthält einige Schwierigkeiten, die Sie bei Ihrem Kenntnisstand jedoch lösen können. Die Bewegung, der Rhythmus und die Plastizität sind Bestandteile der Pose und ergeben ein äußerst komplexes Motiv, an dem sich die Beobachtungsgabe und die zeichnerische Ausführung schulen lassen.

Die Beine sind stärker skizziert geblieben als die restliche Gestalt, um die Ausarbeitung nicht zu überladen.

Die Falten des Lakens bestehen aus sehr zarten, verwischten Flecken mit grauer Kreide. Sie sind weder detailliert noch exakt gezeichnet.

DAS MATERIAL

- Weißes Cansonpapier.
- Schwarzer Conté-Stift.
- Graue Kreide.
- Sepiakreide.
- Rötelkreide.
- Weicher Radiergummi.

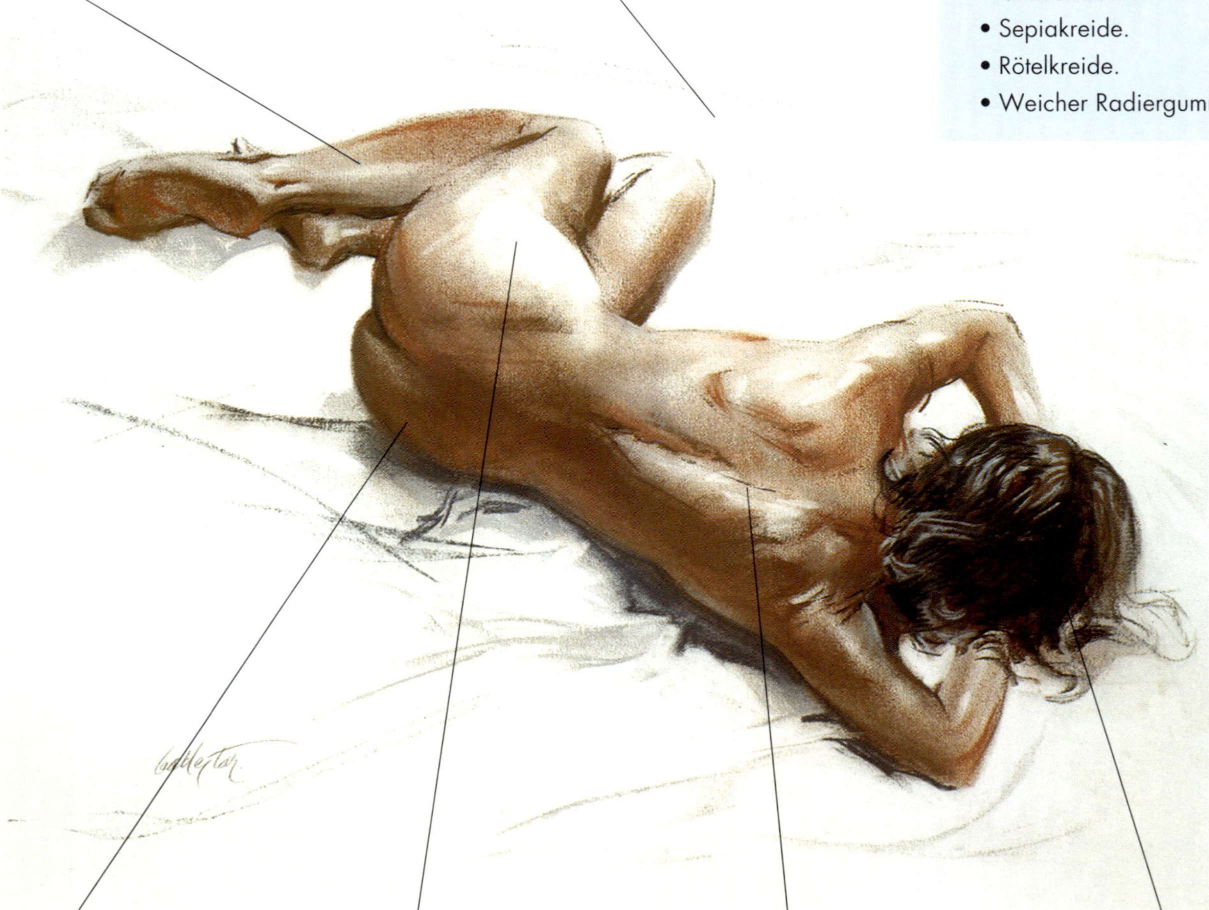

Die dunkelste Stelle befindet sich im unteren Teil des Rückens. Ihr Ton besteht aus einer gesättigten Mischung von Sepiakreide und Rötel.

Hier sind die stärksten Kontraste von Licht und Schatten. Die beleuchtete Stelle besteht aus der kaum getönten Farbe des Papiers.

Der Rücken besteht aus einer Synthese der Muskeln, der Wirbelsäule und der Schulterblätter, um eine Verwirrung innerhalb der Farbwerte zu vermeiden.

Der dunkle Ton des Haars besteht aus einer Mischung aller drei Farben. Einige Stellen sind heller geblieben, um den Glanz auszudrücken.

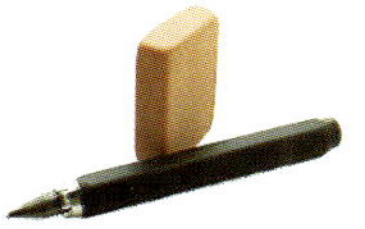

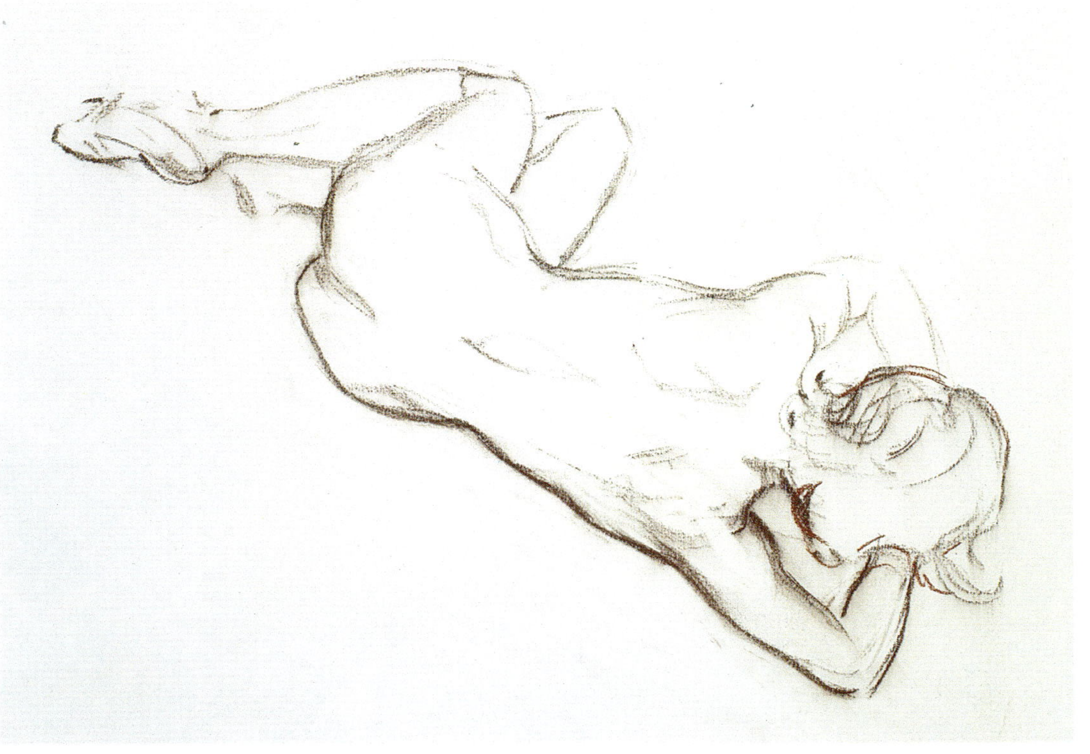

1 Die Eingangszeichnung habe ich mit Sepiakreide angefertigt und die Umrisse gut ausgearbeitet. Die Gelenke der Glieder wurden zunächst mit durchbrochenen Strichen gezeichnet und später mit einer durchgehenden Linie vereint. Die Lage der Hauptvolumen innerhalb der Umrisse sind bereits angedeutet.

UMRISSLINIEN

Die lineare Zeichnung stützt sich auf die Umrisse der Gestalt. Dies heißt jedoch nicht, daß es sich um eine fortlaufende, geschlossene Linie handeln muß. Sie kann auch aus zahlreichen Strichen bestehen, die nach und nach die korrekte Form erreichen. Bei relativ komplexen Posen wie dieser mit viel Bewegung ist es ratsam, die Form zunächst aus Einzelstrichen anzulegen und diese anschließend als fortlaufende Linie zusammenzufassen.

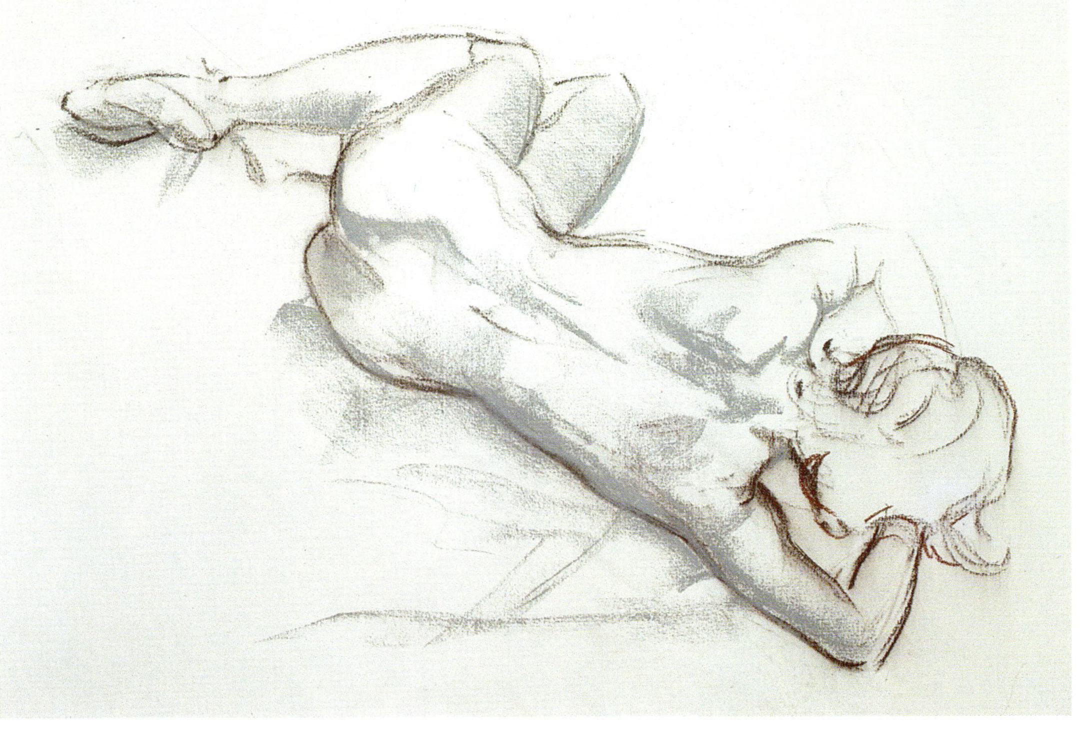

2 Auf der Grundlage der vorigen Zeichnung habe ich zu schattieren begonnen und die kräftigen Konturen sowie die Striche im Innern mit den Fingern verwischt. Auf diese Weise zeichnet sich die Ausarbeitung bereits in allgemeiner Form ab.

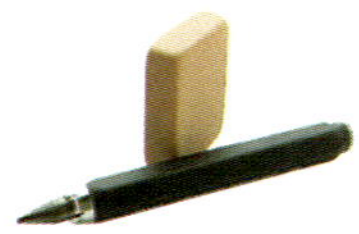

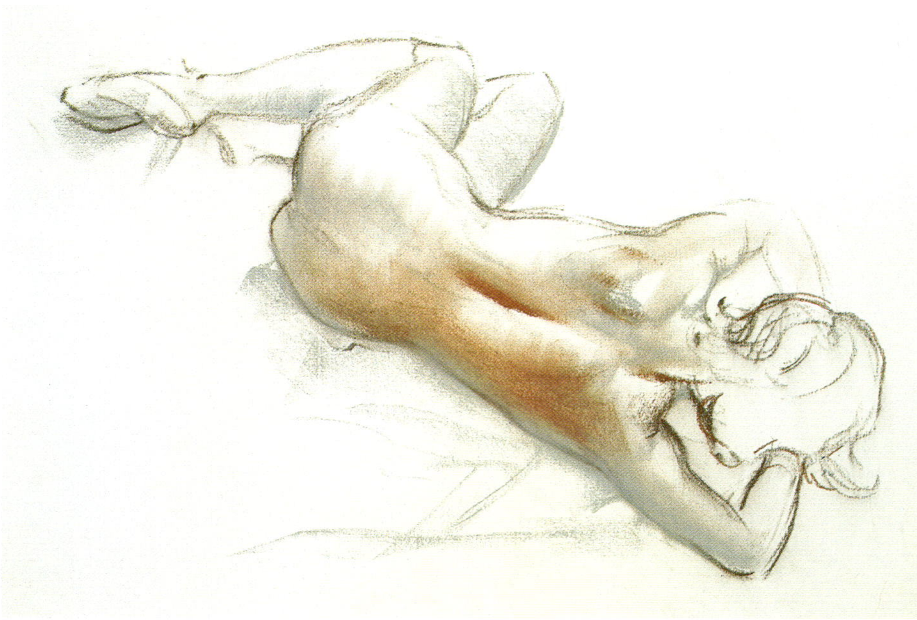

3 Ich schattiere nun mit Rötel und grauer Kreide. Die warme Rötelkreide und das kalte Grau ergänzen sich perfekt und beleben das Spiel von Licht und Schatten. Graue Kreide ist heller als Rötel. Deshalb verwende ich sie für die zarten Schatten, während sich Rötel besser für die mittleren Töne eignet.

ZEICHNUNG „À TROIS CRAYONS"

Ein wesentlicher Vorteil der dreifarbigen Zeichnung besteht in der Bereicherung der Volumen durch eine farbige Ausarbeitung. Bei den drei hier gewählten Farben kann man kaum etwas falsch machen. Sie sind daher ideal für eine Übung in dieser Technik geeignet. Wichtig ist nur, daß man jede Farbe für einen bestimmten Schatten verwendet (hell, mittel oder dunkel) und dieses Prinzip von Anfang bis Ende der Arbeit durchhält.

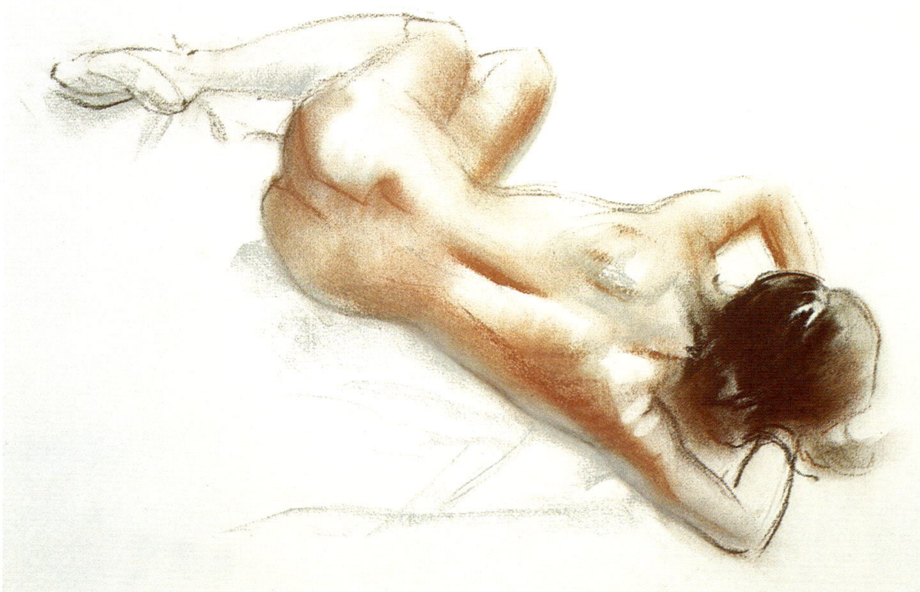

4 Durch das Verschmelzen der Schatten entstehen Farbmischungen. Eine erkennen Sie auf dem Rücken in Höhe der Schulterblätter. Sie harmoniert hervorragend mit dem Rötel, dem Grau der Kreide und dem Weiß des Papiers.

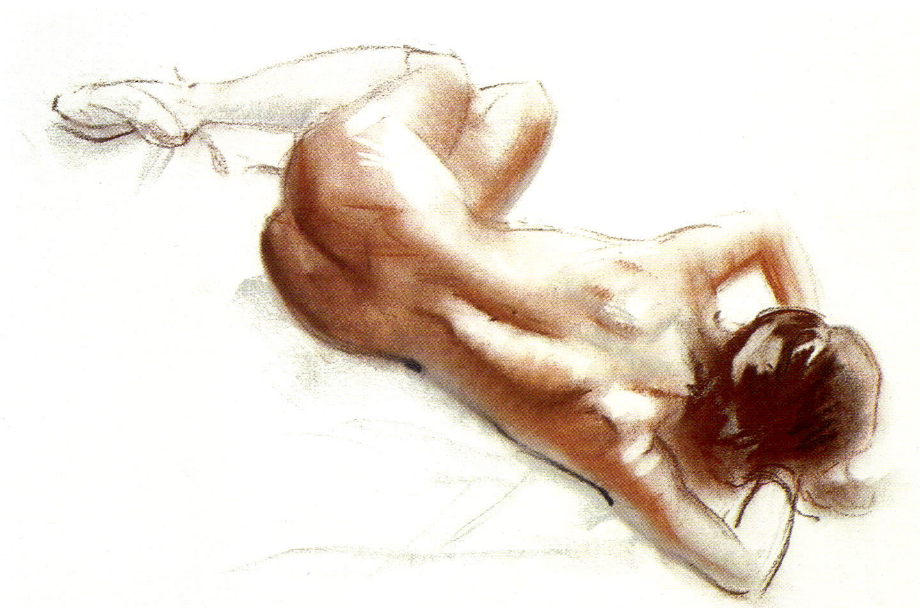

5 Mit Hilfe von Verwischungen harmonisiere ich die Ausarbeitung des Rükkens und vereine diesen mit dem Gesäß. Einige beleuchtete Stellen, die unter dem allgemeinen Verwischen gelitten haben, hole ich mit dem Radiergummi wieder hervor.

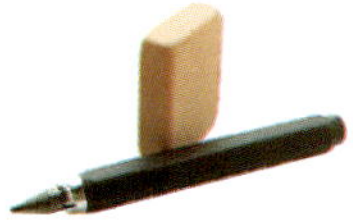

6 Ich verstärke weiter die Schatten der Volumen des Rückens. Diese Volumen sind ziemlich kompliziert und erzeugen einige Probleme beim Aufbau. Anatomische Kenntnisse sind dafür nützlich, aber nicht unbedingt erforderlich. Probleme wie diese lassen sich auch durch aufmerksame Beobachtung lösen.

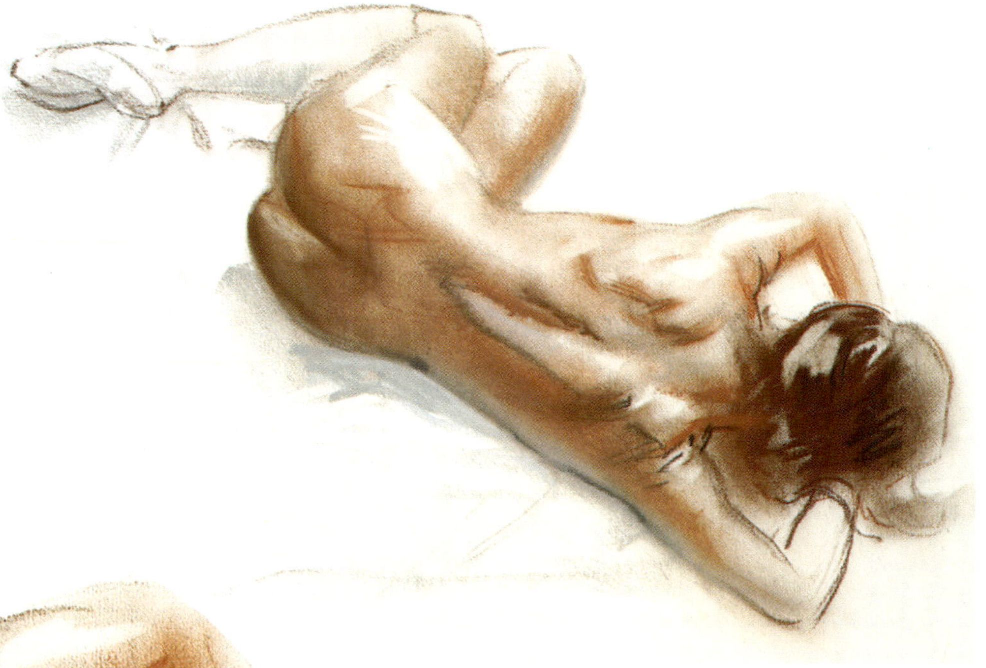

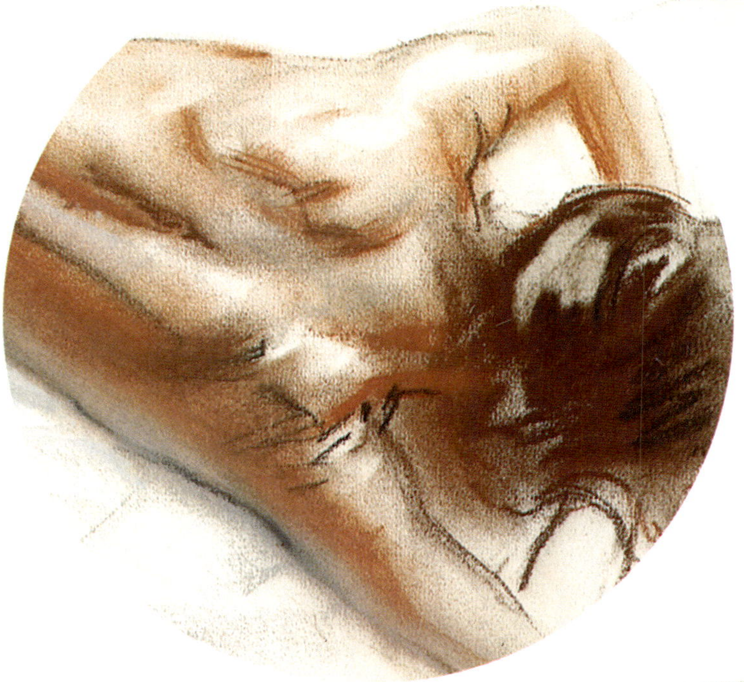

7 Hier sehen Sie einen vergrößerten Ausschnitt des Rückens, in dem sich die Schwierigkeiten häufen. Die Wirbelsäule, die Schulterblätter, das Schultergelenk und die Halssehnen bilden zahlreiche Vorsprünge und Einkerbungen. Diese darf man nicht einzeln anlegen, sondern muß sie zusammenfassend darstellen.

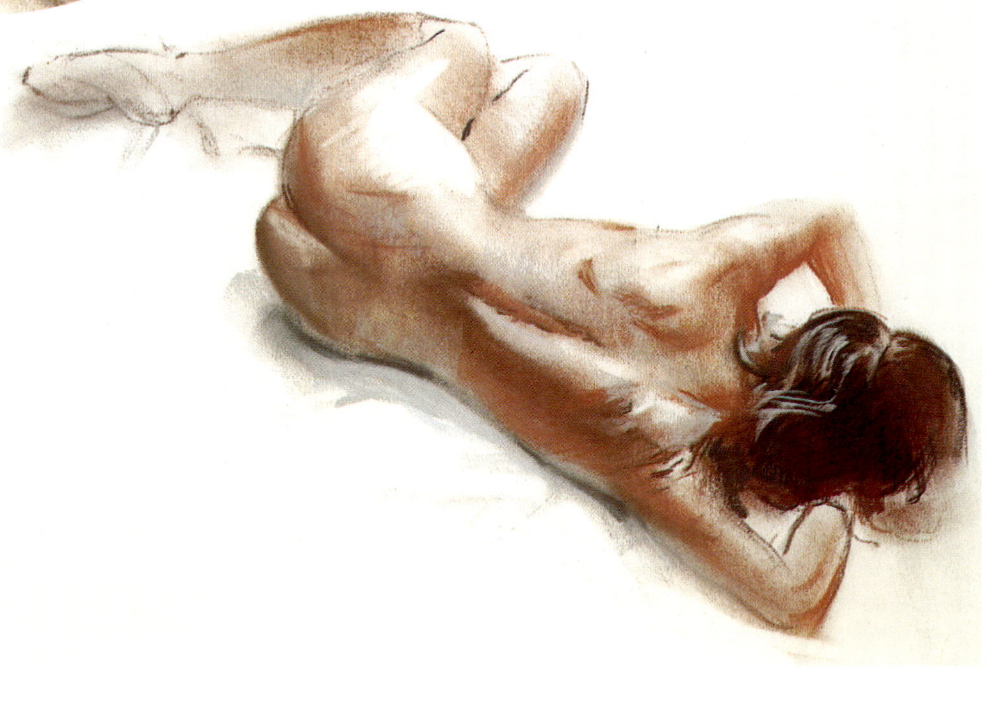

8 Ich glaube, ich habe die Probleme der Rückenvolumen durch eine Synthese der Tonwerte gelöst, in der keine Farbe übermäßig hervorsticht. Die dunkelsten Schatten habe ich gedämpft, um eine einheitliche Ausarbeitung zu erhalten.

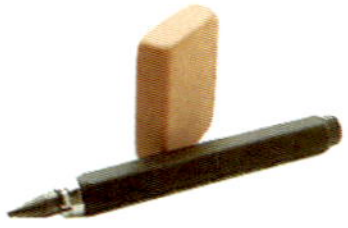

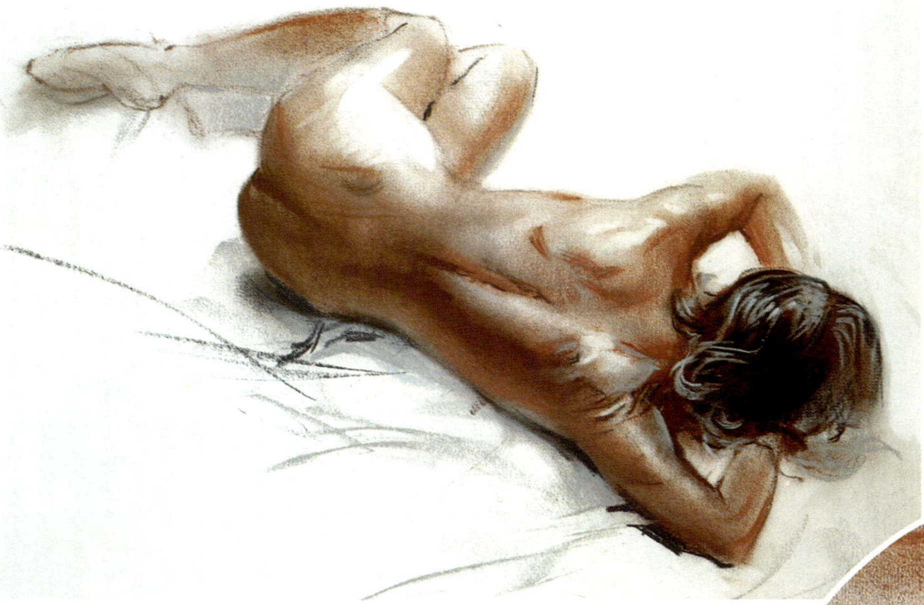

9 Durch fortlaufendes Verwischen ist die Ausarbeitung erheblich weicher geworden. Die drei Farbtöne sind jetzt perfekt integriert. Jede Farbe ergibt eine tonale Variante, die das Ganze bereichert und das notwendige Gefühl von Relief und ausgeprägter Plastizität erzeugt.

10 Durch das Verwischen habe ich die Intensität der Töne gemildert. Dies hat dem Werk neue Einheit verliehen, allerdings das Gefühl von Volumen verringert. Der Ausschnitt zeigt die genauen Anlagen der Tonwerte im unteren Rückenabschnitt. Die Farben reichen von Sepia an den dunkelsten Stellen bis zum Weiß des Papiers (das ich mit einigen Strichen des Radiergummis wieder hervorgeholt habe). Grau ist ebenfalls vorhanden, aufgrund des vorherrschenden Rötels aber kaum zu bemerken.

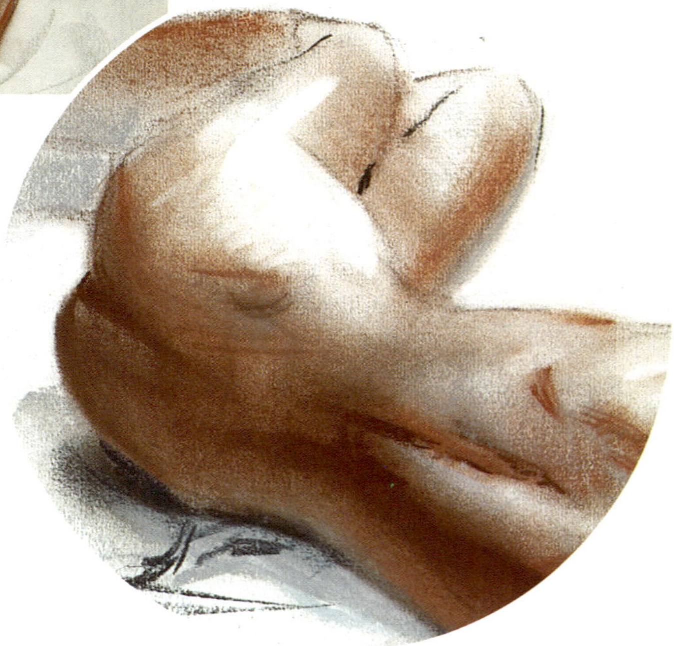

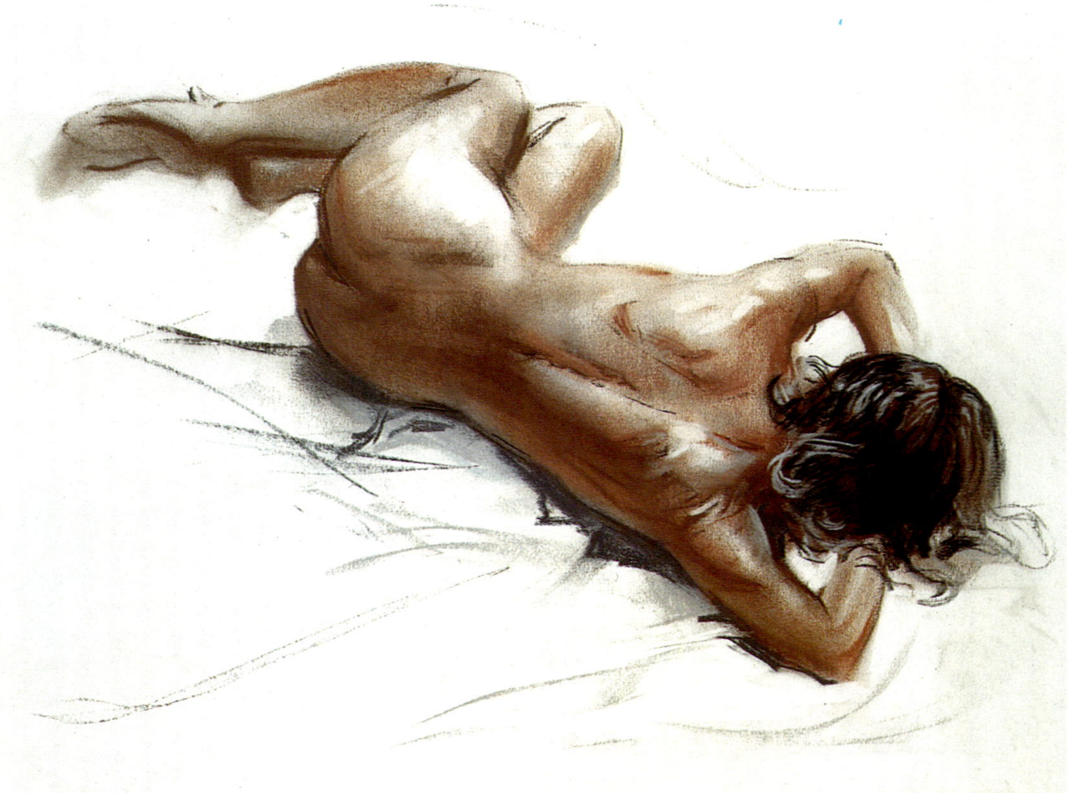

11 Um die intensivsten Schatten zu mildern und dem Werk seine volumetrische Kraft zurückzugeben, habe ich den Rötel mit grauer Kreide überlagert. Das rötliche Braun, das aus der Mischung entstand, ergibt eine reichere, dichtere Fleischfarbe.

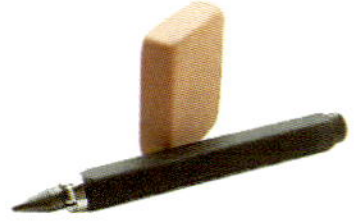

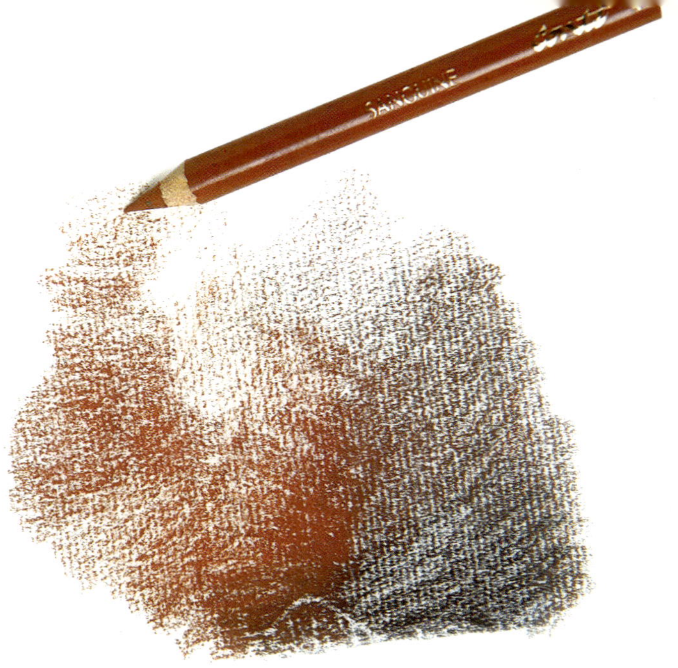

VOLUMEN UND VERWISCHUNGEN

Durch Verwischen erhält man weiche fortlaufende Volumen, was häufig zu Lasten der Plastizität geht. Dem Verwischen muß daher die Wiederherstellung der dunkelsten Töne sowie das Öffnen von Weiß mit dem Radiergummi folgen. Beides ist äußerst wichtig, um eine Zeichnung zu erreichen, die wirklich die Aufmerksamkeit des Betrachters verdient.

12 Das fertige Werk. Als letzten Schritt der Ausarbeitung habe ich die dunkelsten Stellen der Zeichnung wiederhergestellt. Dies bereitete keine Probleme. Die Tonwertbestimmung ist zwar umfangreich, im Grunde jedoch nur eine Fortsetzung der vorigen Teilübungen. Die Zeichnung ist ein gutes Beispiel für die großen Möglichkeiten einer Arbeit mit drei Farben.

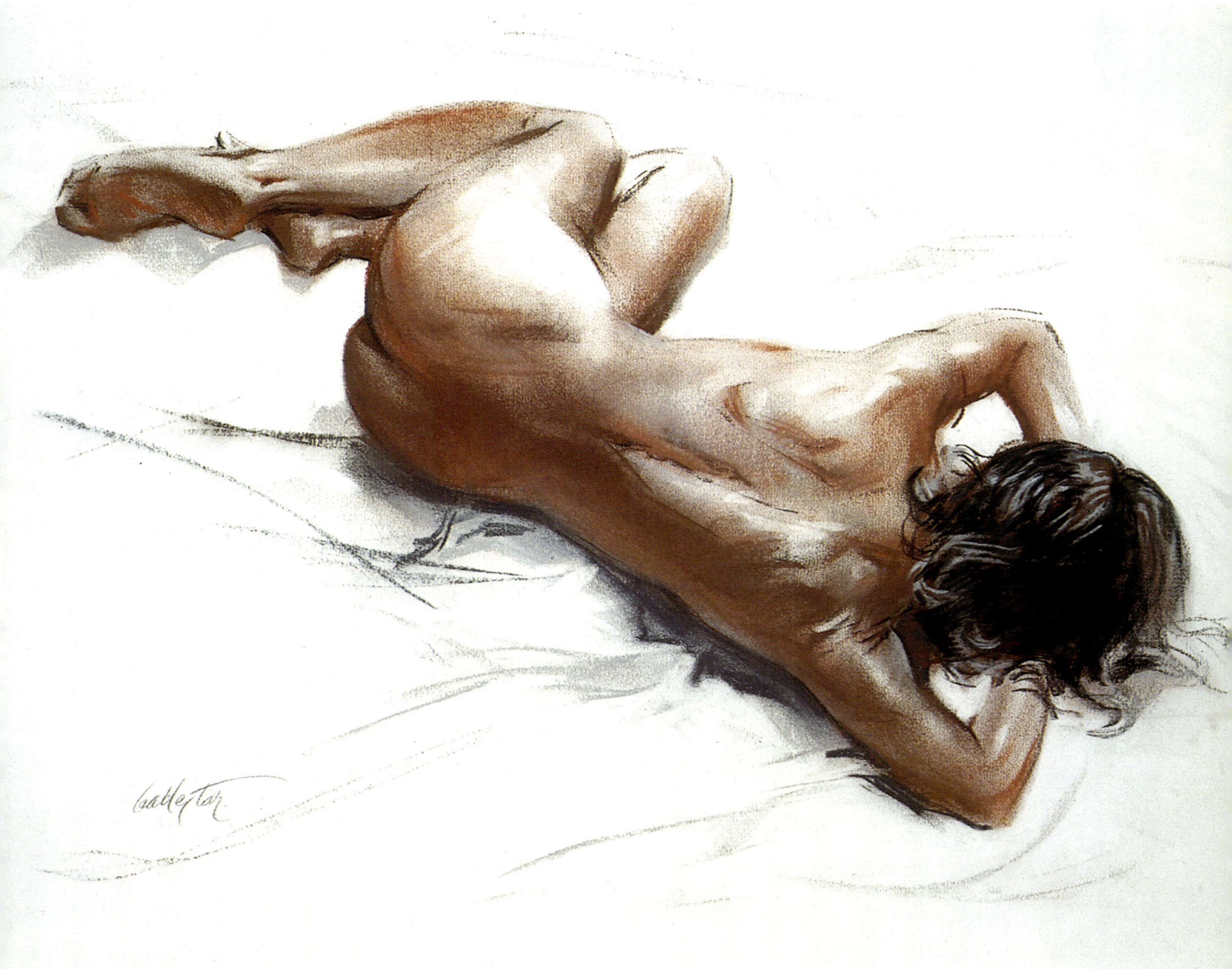

WEIBLICHER AKT AUF DEM SOFA

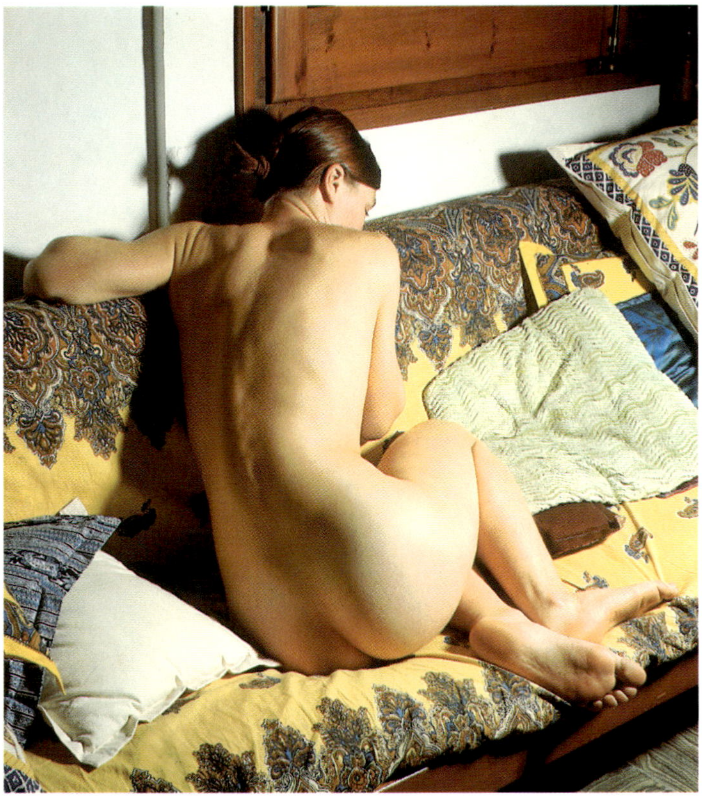

Als letzte Übung dieses Buches haben wir ein sehr umfangreiches Thema gewählt. Die Gestalt befindet sich in einem konkreten Umfeld und ist realistischer als bei den vorigen Übungen. Ein wichtiger Aspekt ist die Bedeutung des Rükkens. Ich werde ihn als großflächiges Volumen interpretieren, das mir ein reiches Spiel von Licht, Schatten und Farben liefert (der beschränkten Farbenskala, die ich dafür wähle). Interessant sind die optischen Verkürzungen: Der Schenkel zeigt nach hinten, und der gekrümmte Rücken bildet eine Kurve. Sehr hilfreich beim Zeichnen des Rückens ist die Wirbelsäule, denn sie gibt die gesamte Linienführung an. Auch die Haltung und die Lage der Füße sind ein wichtiges kompositorisches Detail, das unsere Aufmerksamkeit verdient. Die Beleuchtung bereichert die Gestalt und erzeugt kraftvolle Kontraste aus Licht und Schatten.

Der Hintergrund besteht aus verwischten Rötelstrichen, die ich später leicht radieren werde, um eine Struktur zu erhalten.

Um den Körper als Ganzes hervorzuheben, habe ich das Polster abgeschattet, auf das sich das Modell stützt. Dies ist der dunkelste Tonwert der gesamten Komposition.

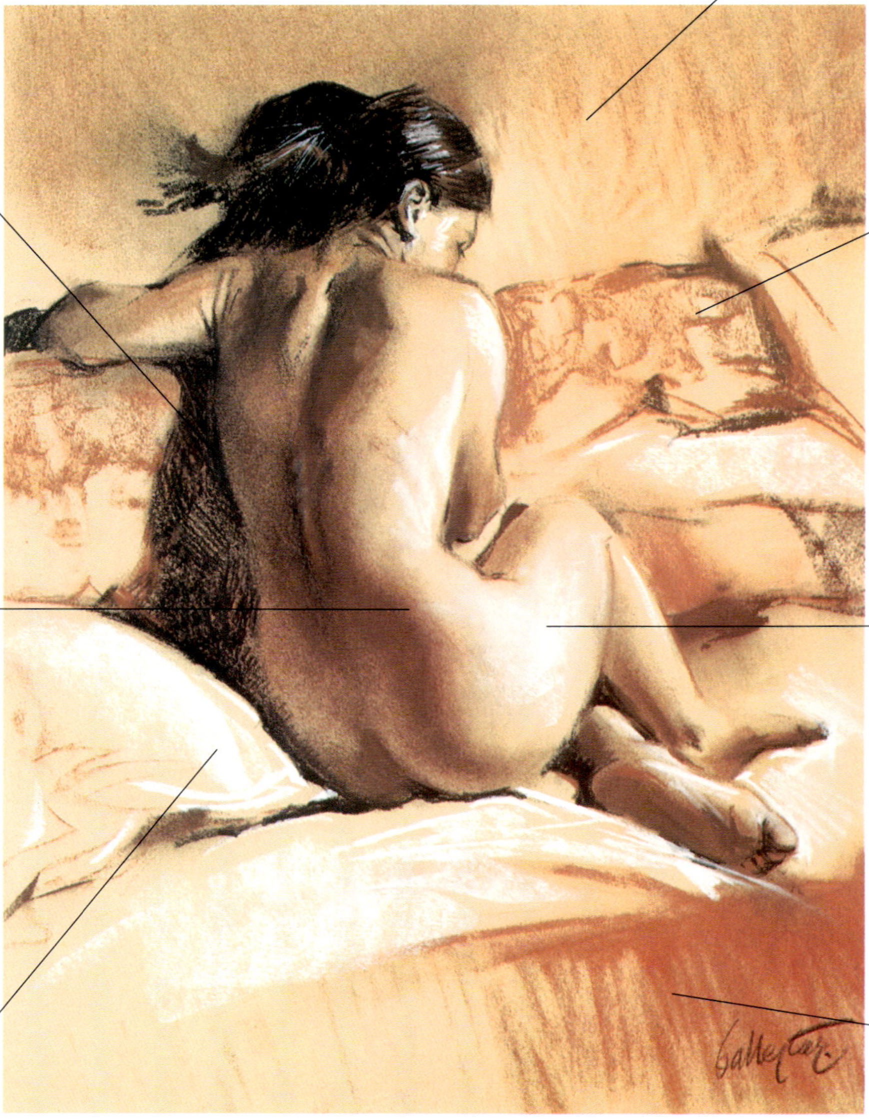

Das Muster des Polsters entsteht aus zwanglosen Rötelflecken, für die das Stäbchen flach über das Papier geführt wird.

Dieser Schatten ist für die Darstellung des Rückens wichtig. Er wird bis zur Begrenzung immer dunkler und hellt sich anschließend für die beleuchtete Stelle wieder auf.

Die am stärksten beleuchteten Stellen der Haut entstehen mit weißer Kreide, um den Glanz darzustellen.

Die Kissen entstehen aus einer zusammenfassenden Umrißzeichnung und einigen Strichen mit weißer Kreide.

Um einen Eindruck von Tiefe und Räumlichkeit zu erzeugen, habe ich den Vordergrund abgeschattet und die Gestalt nach hinten gerückt.

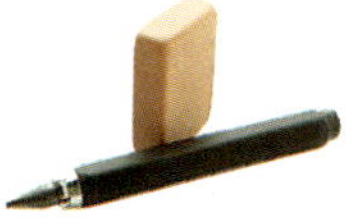

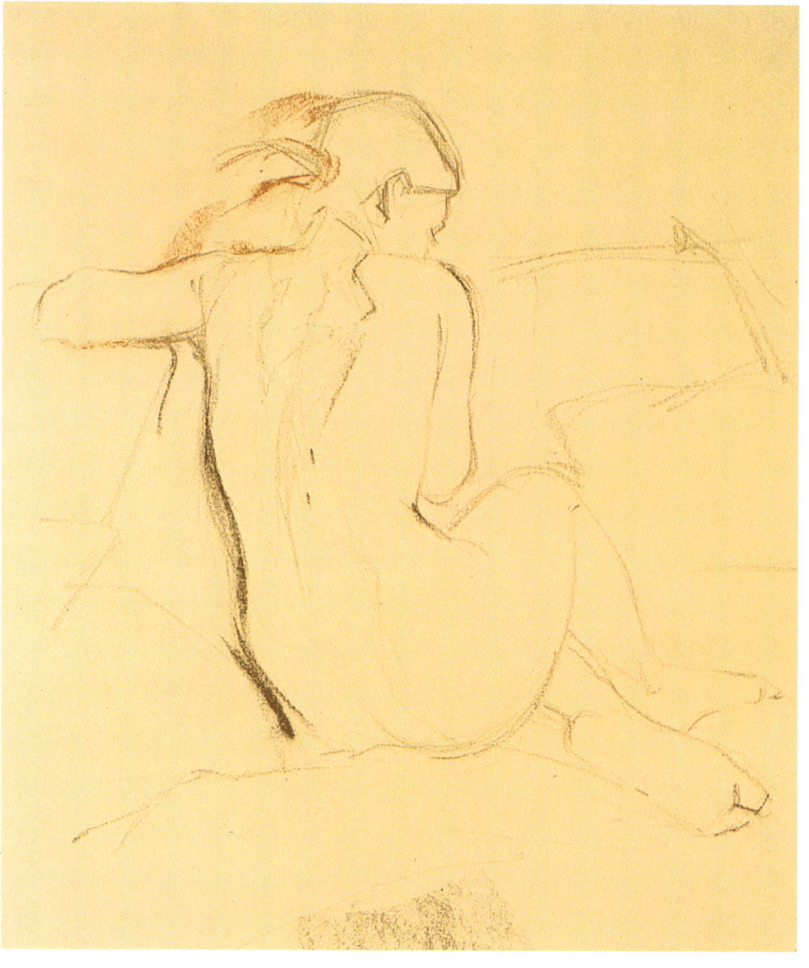

1 An dieser schlichten Zeichnung mit Sepiakreide erkennt man, daß die Linien für den Rücken stärker betont wurden als die restlichen Striche. Mir war daran gelegen, die präzise Krümmung des Rückens festzuhalten, denn sie ist einer der Schlüsse für die gesamte Übung.

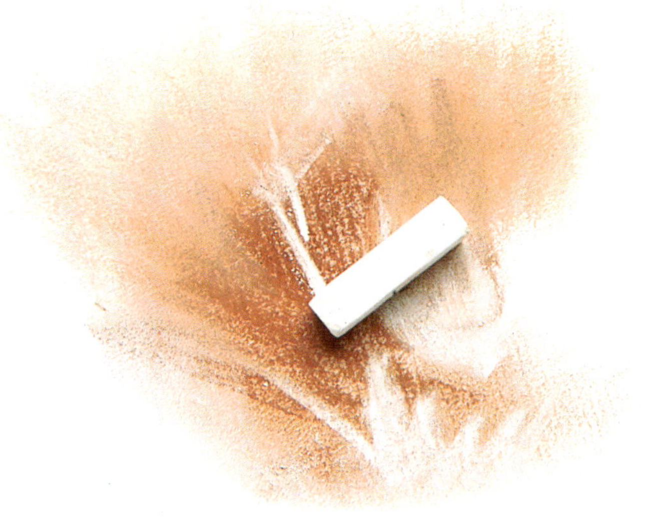

DER RÜCKEN

Das Hauptproblem dieser Übung ist die Anlage des gekrümmten Rückens. Diese Krümmung, die zwischen den Schulterblättern beginnt und bis zum Gesäß reicht, erleichtert das Umreißen der Pose. Das Volumen, das sie andeutet, bildet die dunkelste Stelle der Übung, nach der sich die ganze Ausarbeitung richten muß. Hier macht sich die kräftige Wirkung der Beleuchtung am stärksten bemerkbar.

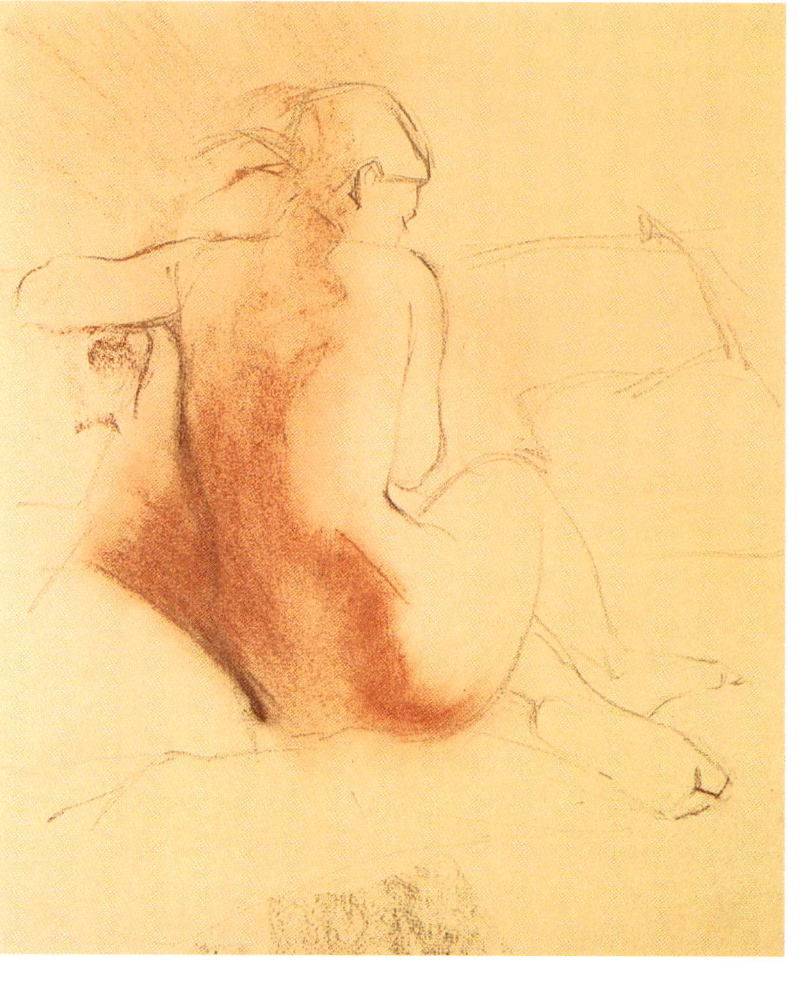

DAS MATERIAL

- Cansonpapier Mi-Teintes, cremeweiß.
- Schwarzer Conté-Stift.
- Rötelkreide.
- Sepiakreide.
- Weiße Kreide.

2 Hier die ersten Schatten. Ich habe einen Rötelfleck ausgezogen, der sich nicht an die Umrisse hält, sondern einen allgemeinen Anhaltspunkt für die nachfolgenden Tonwerte ergibt.

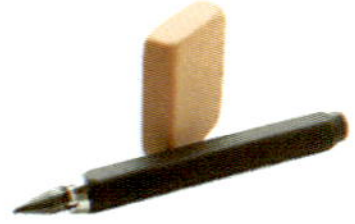

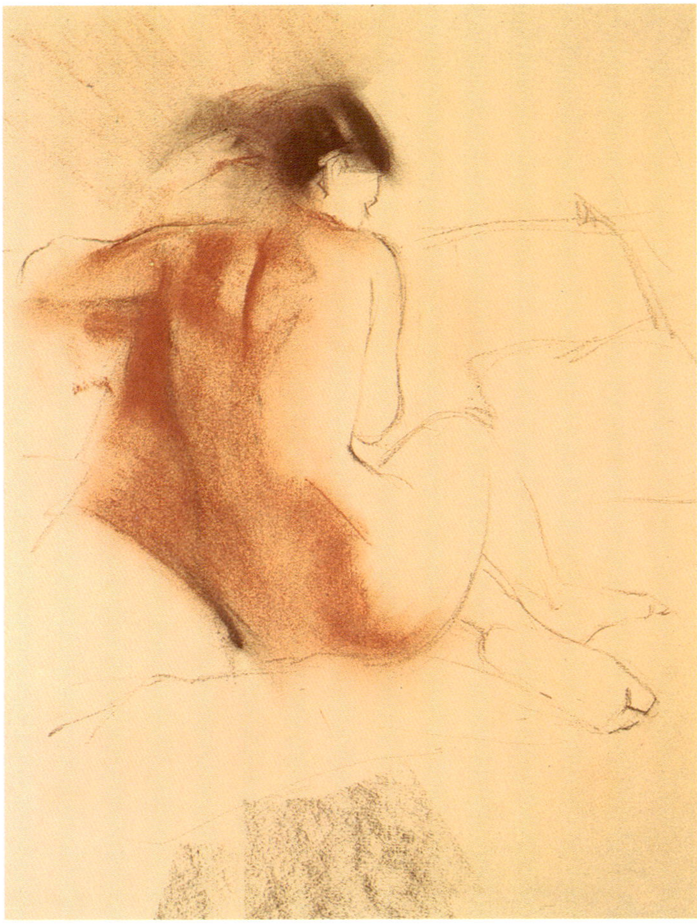

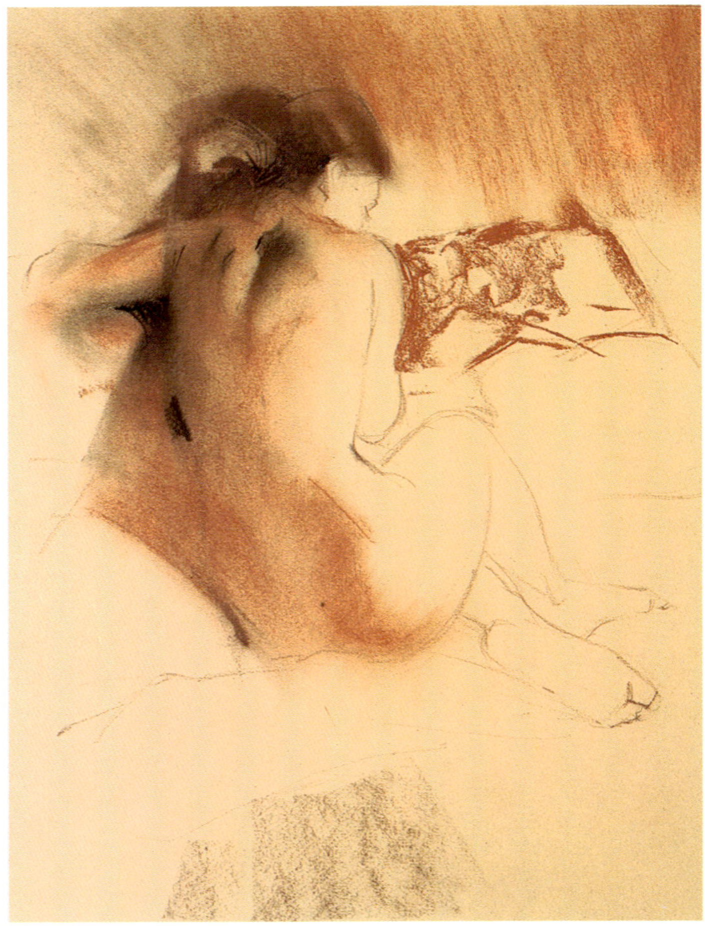

3 Dies ist ein rasches Arbeitsstadium bei dem ich mich vom ersten Blick von der allgemeinen Wirkung und dem Eindruck des Spiels von Licht und Schatten leiten lasse.

4 Die Ausarbeitung des Rückens erfolgt mit Rötel. Für das Haar habe ich Sepiakreide verwendet und die dunkelsten Stellen mit einigen Strichen des Conté-Stifts verstärkt.

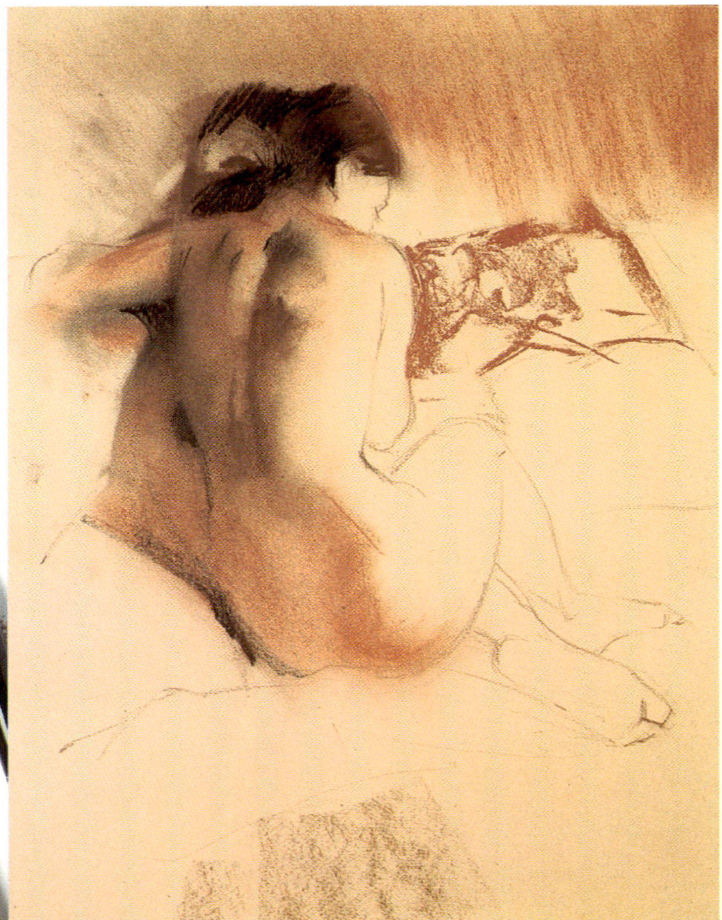

5 Sepiakreide benötige ich auch für den Rücken. Mit der dunklen Farbe kann ich die tiefsten Schatten ausdrücken, die durch die starke seitliche Beleuchtung entstehen. Die Rötelstriche im Hintergrund deuten das Umfeld und die Atmosphäre des Motivs an.

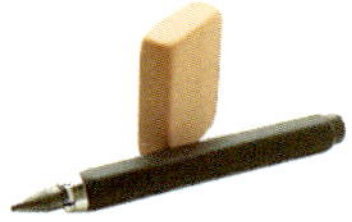

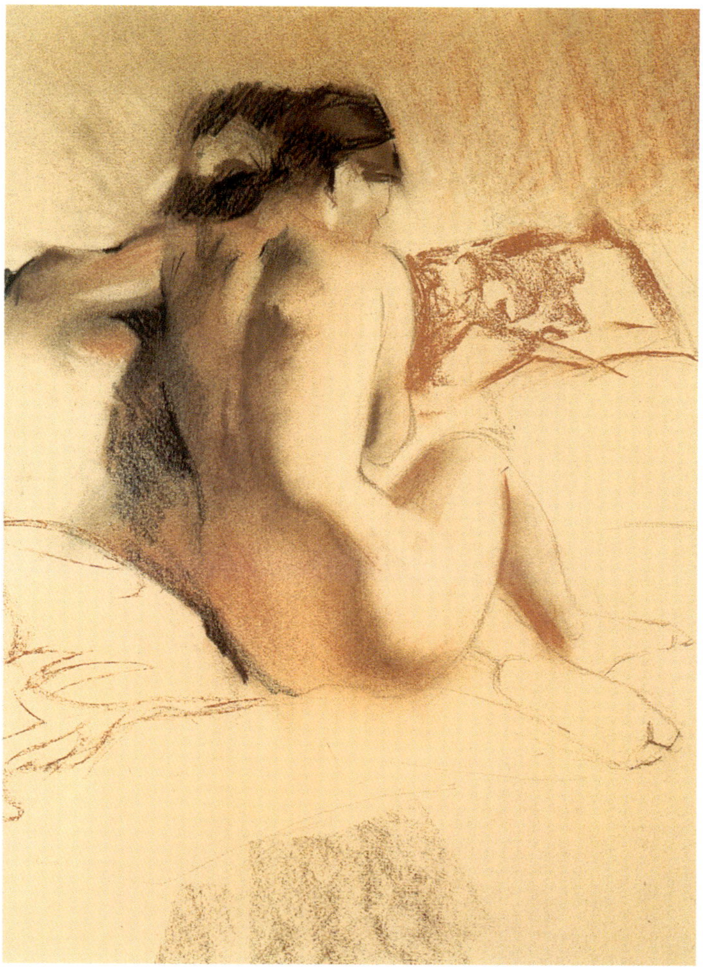

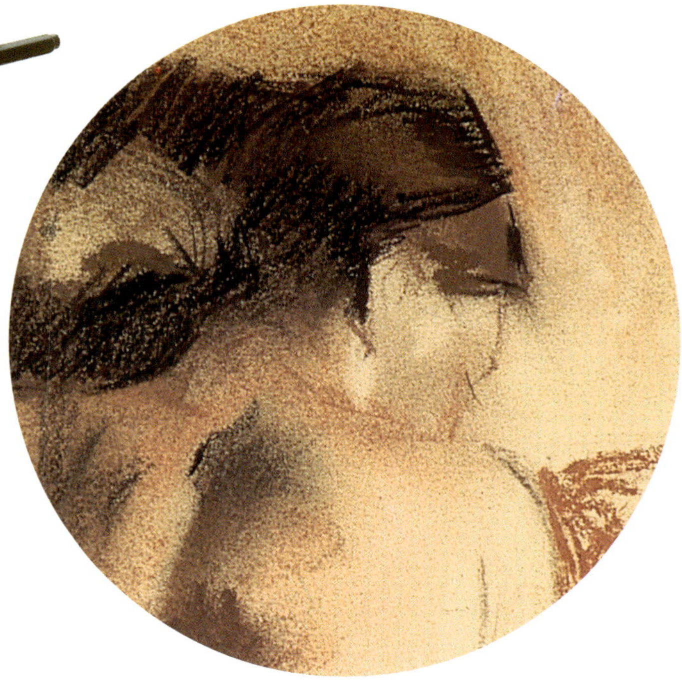

7 An diesem Ausschnitt des Kopfes läßt sich die Arbeitsweise gut untersuchen. Er verdankt sein Volumen beinahe gänzlich dem dunklen Haar, das aus Sepia und dem schwarzen Conté-Stift entstand. Als Kontrast zu dieser dunklen Farbe benötigt das Gesicht höchstens ein leichtes Verwischen.

6 Die Ausarbeitung des Rückens weist eine interessante Besonderheit auf: den tiefen Schatten, der sich an der Hüfte entlangzieht. Als schraffierter Streifen unterbricht er die helle Seite und geht in einen sanften Schatten über. Dieser Kontrast ist für die korrekte Darstellung des Rückens wichtig.

8 Damit der Rücken voll und ganz in Erscheinung tritt, habe ich das Polster an der Begrenzung zu der Gestalt mit sehr dunkler Farbe abgestumpft (Mischung aus Conté-Stift und Sepia). Dadurch hebt sich der Körper deutlich ab, ohne das Spiel von Licht und Schatten zu beeinträchtigen, aus dem er sein Volumen bezieht.

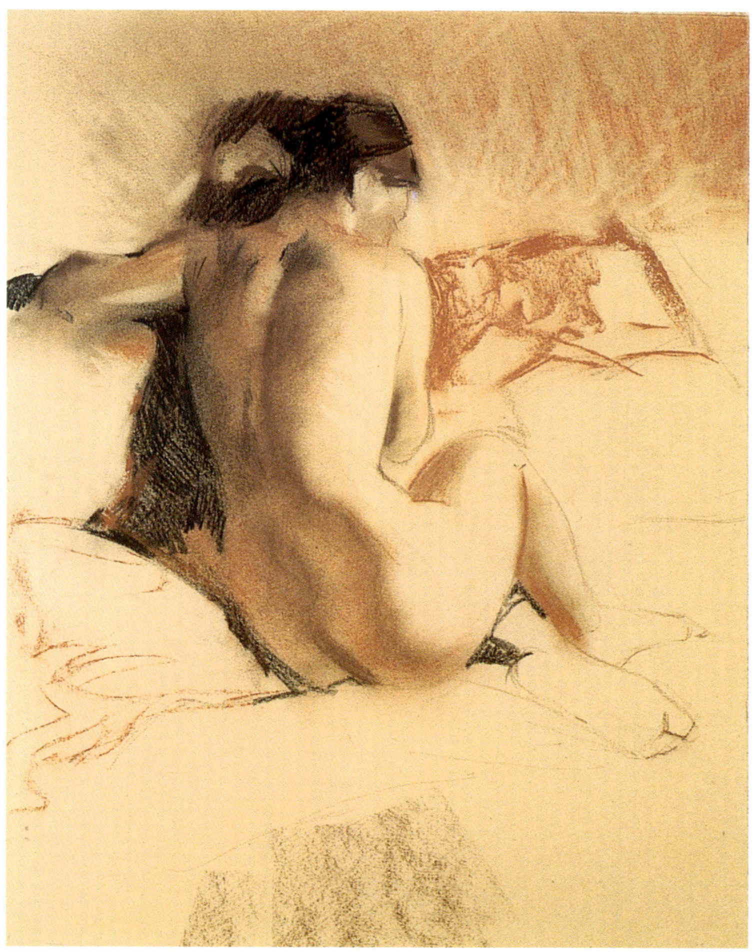

DIE FARBE DES PAPIERS

Für Arbeiten mit mehr als einer Farbe sollte man die Möglichkeit erwägen, auf farbigem Papier zu zeichnen. Die Farbenskala von Canson Mi-Teintes ist außerordentlich breit. Trotzdem empfiehlt es sich, einen neutralen Ton oder Cremeweiß zu wählen. Die verschiedenen warmen und kalten Grautöne sind ebenfalls äußerst reizvoll. Bei einem Motiv wie diesem liefert das Cremeweiß einen warmen Grundton, auf dem sich angenehme Fleischtöne erzielen lassen. Gleichzeitig erhält das Werk die richtige Atmosphäre.

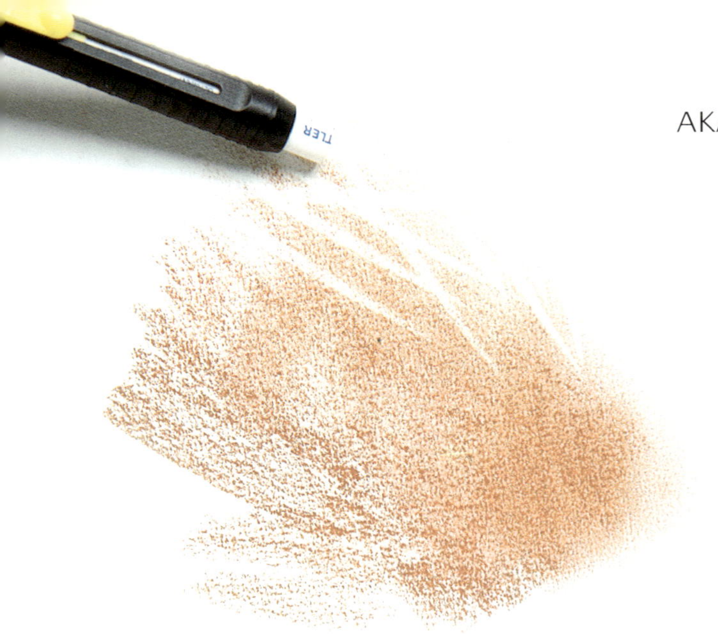

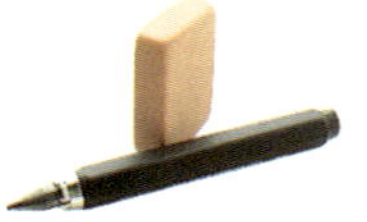

9 An diesem Ausschnitt können wir die Darstellung der unteren Rückenpartie untersuchen. Die Schattierung ist sehr zart und besteht aus weichen Übergängen, die an der Innenseite einen mittleren Ton aufweisen, während die Hüfte der Länge nach von dem dunkelsten Schatten begrenzt wird.

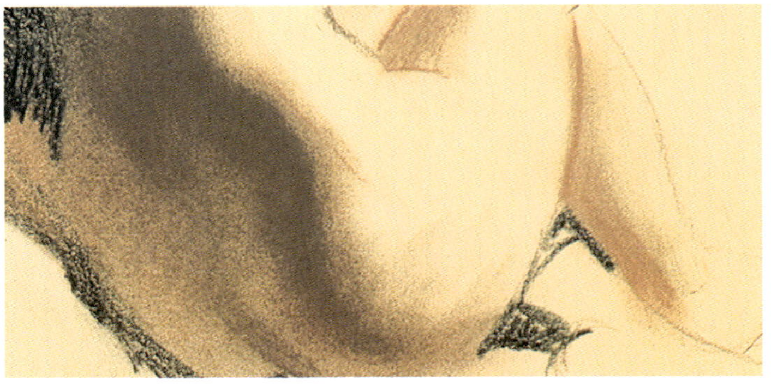

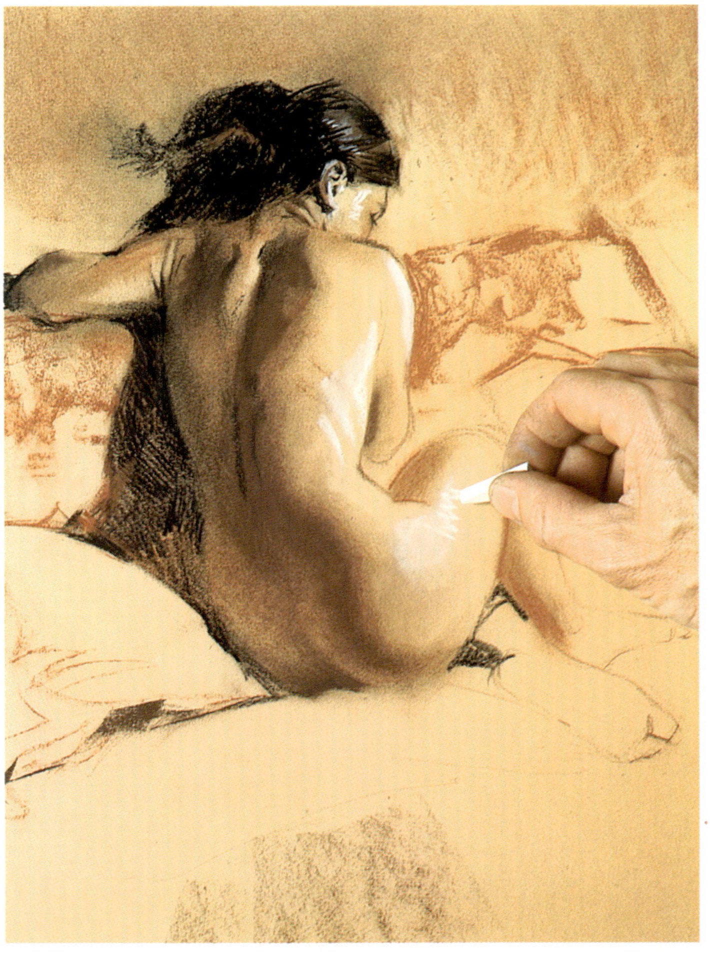

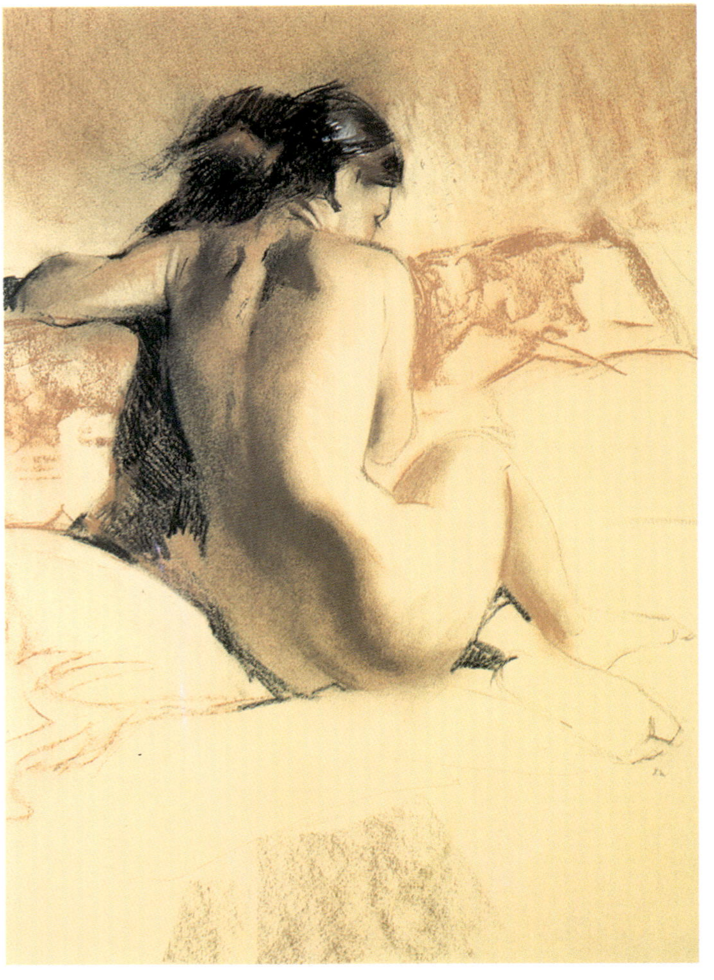

10 Das Werk ist beinahe fertig. Man erkennt den Reichtum der Ausarbeitung, die mit zusammenfassenden Mitteln ohne unnötige Details oder Tonwertansammlungen erreicht wurde. Die Schatten bestehen aus sehr wenigen Tönen, die jedoch korrekt verteilt sind.

11 Die Wirkung der warmen Beleuchtung kommt mit Hilfe der weißen Kreide gut zur Geltung. Die weißen Striche betonen die hellsten Stellen und dürfen erst zum Abschluß quasi als Höhepunkt der Ausarbeitung angebracht werden. Sie werden nicht verwischt, um der Harmonie des Ganzen nicht zu schaden.

12 Gegenüber sehen Sie das fertige Werk. Den Schlußpunkt bilden einige weiße Striche zur Betonung der Kissen, welche die Gestalt umgeben. Ich glaube, das Ergebnis ist äußerst zufriedenstellend und hebt die Reihe der Vorübungen, die wir durchgeführt haben, auf ein wirklich künstlerisches Niveau. Solch ein Resultat wird möglich, wenn man seine Fähigkeiten zunächst an Teilaspekten schult. Ich bin sicher, daß unsere Arbeit nützlich war und Sie angeregt hat, Ihre akademische und kreative Zeichenpraxis fortzusetzen.

63

WEIBLICHER AKT AUF DEM SOFA

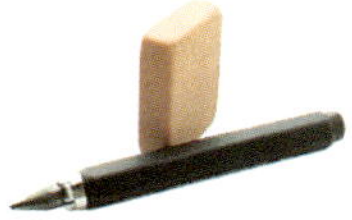

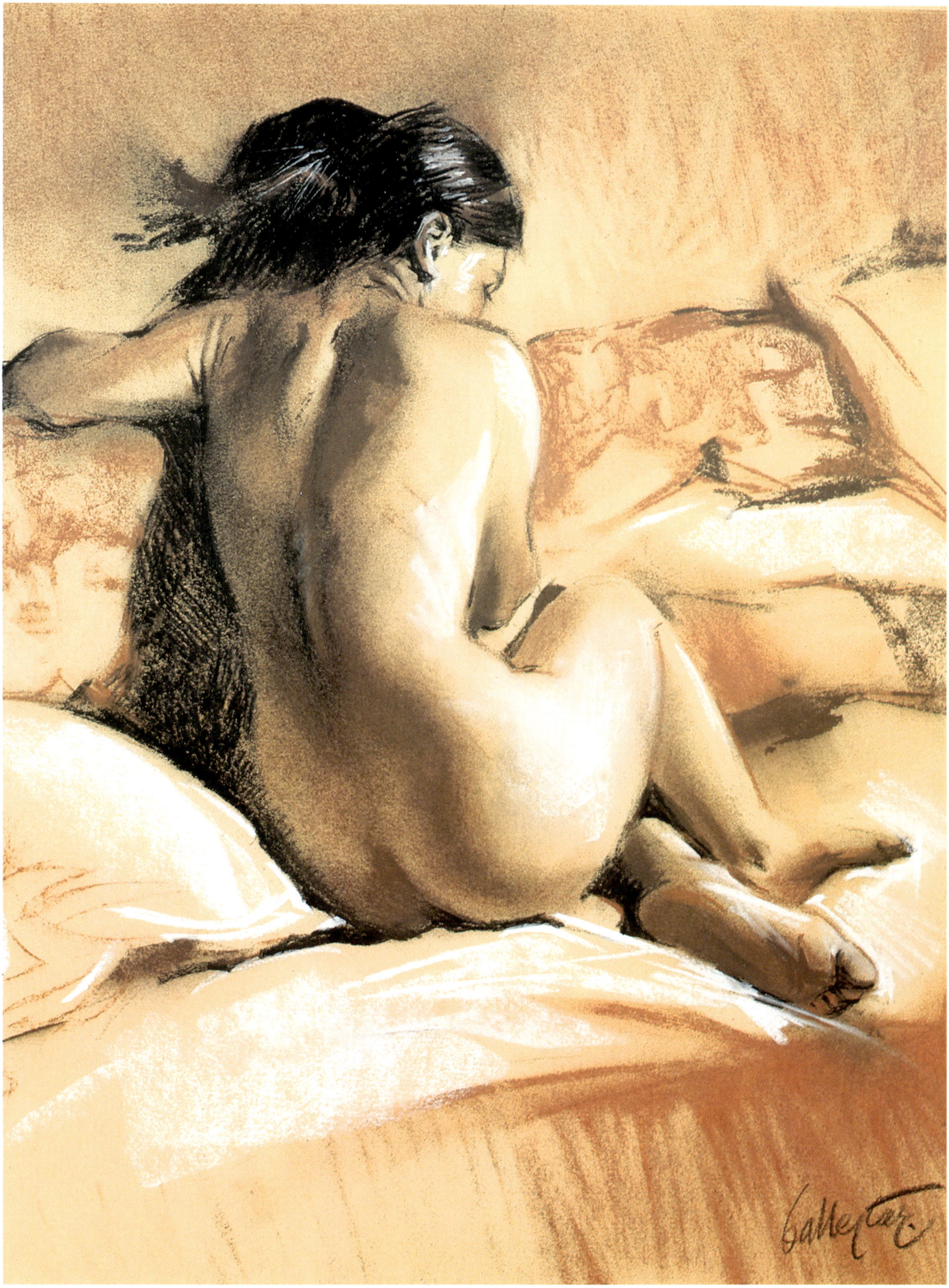

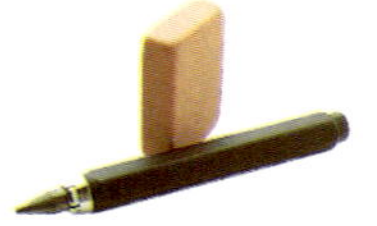

Danksagungen

Zum Abschluß möchte ich einer ganzen Reihe von Personen meinen Dank aussprechen, die auf die eine oder andere Weise zum Gelingen dieses Buches beigetragen haben:

Zunächst Jordi Vigué, der nicht nur die Idee zu diesem Werk hatte und die Gesamtherstellung leitete, sondern ein weiteres Mal sein Vertrauen in mich setzte und mir jederzeit behilflich war.

Ferner David Sanmiguel für seine Texte und Anmerkungen, die genau jene Gedanken zum Ausdruck bringen, die ich dem Leser mit den einzelnen Übungen vermitteln möchte.

Den Fotografen von Estudio Nos y Soto, die mit ihrer hervorragenden Arbeit einen wesentlichen Beitrag zu diesem Buch leisteten.

Allen Modellen, ohne deren bereitwillige, geduldige und nicht immer einfache Mitarbeit die Durchführung der einzelnen Übungen nicht möglich gewesen wäre. Ihre Professionalität verdient Lob und Bewunderung.

Erwähnt sei auch Miquel Ridola, der mit seinem Layout für den schönen optischen Eindruck und die Attraktivität des Bandes sorgte.

Nicht zu vergessen das Team von Parramón Ediciones, dem die Einpassung der Texte und der Illustrationen oblag und das eine ausgezeichnete verlegerische Arbeit geleistet hat.

Ihnen allen und auch den Lesern, die den hier erteilten Unterweisungen folgen, gilt mein herzlicher Dank. Ohne sie hätte die Herausgabe dieses Buches zweifellos keinen Sinn.

Vicenç B. Ballestar

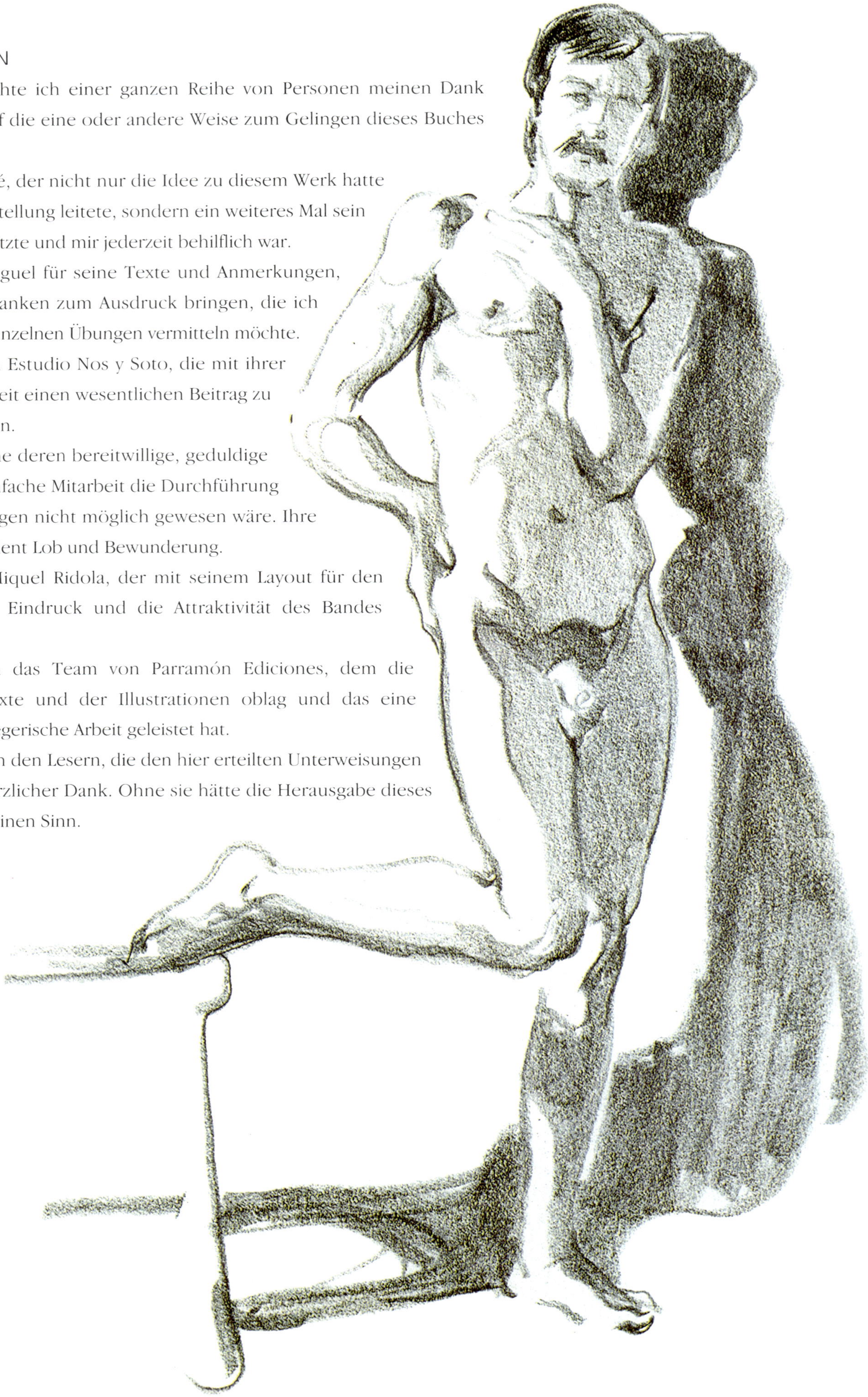

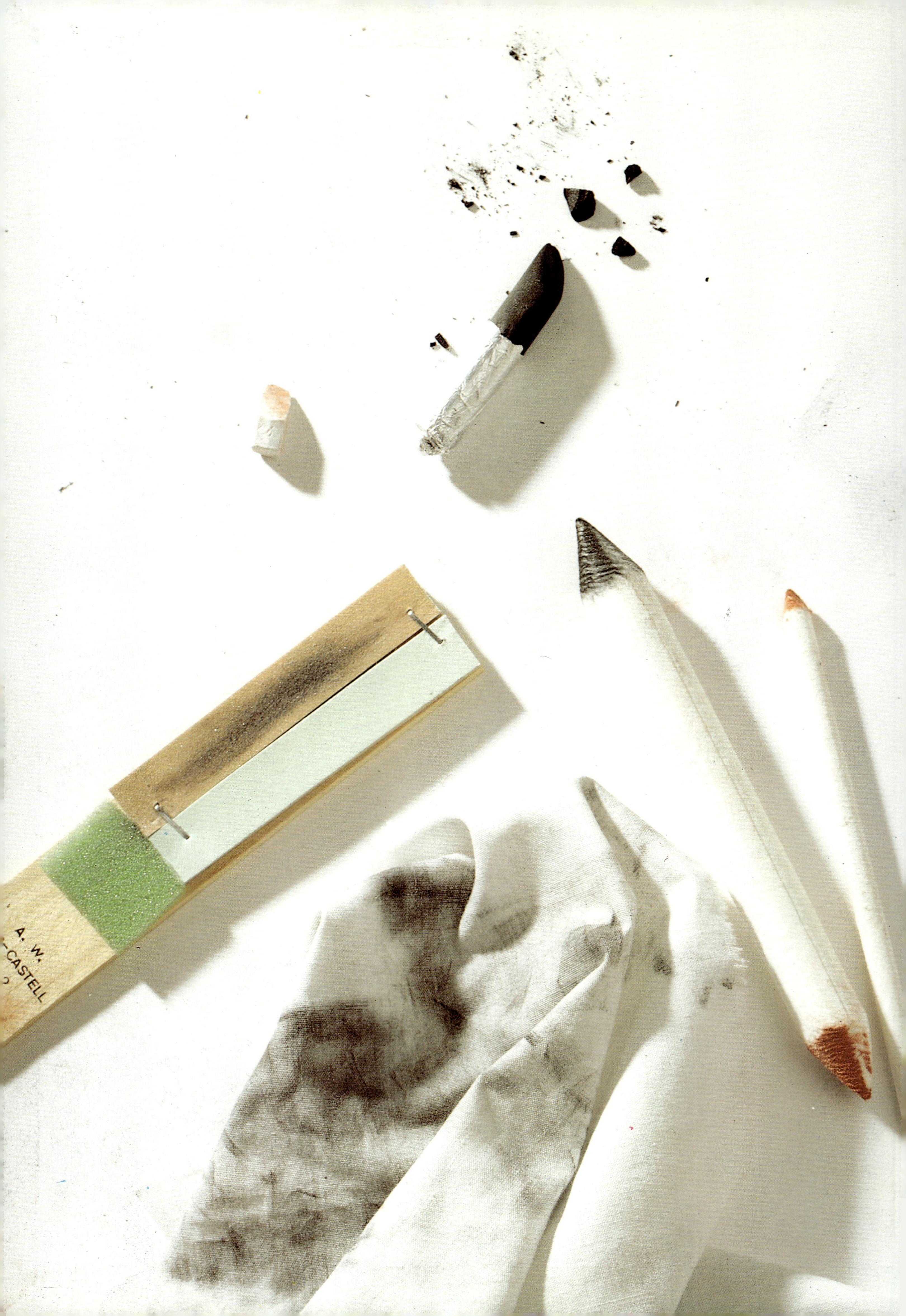
A. W.
CASTELL